2018年河北省社会科学基金项目

"河北省工业遗产改造景观效果综合评价"（批准号：HB18YS034）

河北省工业遗产再生设计的理论与实践

刘嘉娜　唐晨辉　著

哈尔滨工程大学出版社

Harbin Engineering University Press

内 容 简 介

本书探索了河北省在城市更新中实施工业遗产再生设计的机理和特征,在重点吸纳德国鲁尔区经验的基础上,融会多元理论和技术工具,提出了城市工业遗产再生设计的实践路径。

本书适合关注城市更新和工业遗产再生改造的人士阅读参考。

图书在版编目(CIP)数据

河北省工业遗产再生设计的理论与实践 / 刘嘉娜,唐晨辉著. — 哈尔滨：哈尔滨工程大学出版社,2019.12
ISBN 978 - 7 - 5661 - 2541 - 5

Ⅰ. ①河… Ⅱ. ①刘… ②唐… Ⅲ. ①工业建筑 - 旧建筑物 - 改造 - 建筑设计 - 研究 - 河北 Ⅳ. ①TU27

中国版本图书馆 CIP 数据核字(2019)第 258566 号

选题策划　刘凯元
责任编辑　刘凯元
封面设计　李海波

出版发行　哈尔滨工程大学出版社
社　　址　哈尔滨市南岗区南通大街 145 号
邮政编码　150001
发行电话　0451 - 82519328
传　　真　0451 - 82519699
经　　销　新华书店
印　　刷　北京中石油彩色印刷有限责任公司
开　　本　787 mm × 960 mm　1/16
印　　张　11.5
字　　数　200 千字
版　　次　2019 年 12 月第 1 版
印　　次　2019 年 12 月第 1 次印刷
定　　价　49.00 元
http://www.hrbeupress.com
E-mail:heupress@ hrbeu.edu.cn

前　　言

　　自 18 世纪 60 年代以来,产业革命为人类进步做出了巨大贡献。随着时间变迁和产业转型,很多老工业区和工业建筑已经不适应经济社会发展的步伐,处在被改造再利用或者被拆除的十字路口。工业遗产具有专门的含义和特殊的机理,是一个城市的特色标签,亦为审视城市的实际载体。若想留存城市的工业记忆,就必须保护好记忆的载体,让这些工业遗产通过改造实现再生。对工业遗产的再生设计需要建立在保护的基础之上,进行适应性改造而不是仅仅固化封存,这样更能体现其实际价值,通过更替原来建筑的功能,既能展示和铭记工业辉煌,又能给民众创造生活和工作的新空间。

　　工业遗产再生设计是生态、历史和设计三位一体的系统工程,既要坚持保护生态环境、尊重历史文脉、强调景观设计,又要三位一体、共同融合,不仅是旧物再利用,更是修复历史断层、发掘经济新增长点、升级城市综合景观。留存位于特定地段而且拥有浓厚历史文化底蕴的旧厂区及其主体建筑,继而将其规划再生成新式功能区,使城市记忆得以延续,这类做法已经在很多国家得到了推广。正如瑞士建筑师 André Corboz 所说的:"景观即是重写本"。在后工业化的语境下,城市工业遗产在"抹去"旧有功能之后,在保留原来痕迹的同时,可以通过设计人员的塑造,再度成为可以满足当下诉求的空间载体。

　　发达国家在资源型城市工业遗产再生设计领域有许多值得借鉴的做法,对于景观效果的酝酿、塑造及呵护都有其相应经验。然而成功范例的借鉴不应局限于实体改造模式,项目地貌条件、人文素养、后期维护等都是影响景观效果长期可持续的要点,只有客观比较国际经验,妥善选用,才能得出适合的路径。作为重工业区域转型标杆的德国与河北省的产业结构很相似,本书基于德国镜像,透彻地反映同异,凝练经验,可为国内城市更新和工业遗产再生改造提供参考依据。

　　河北省在我国近代工业发展中具有主流地位,因此以河北省为样本推进该主题研究具有典型意义和实践基础。本书探索了河北省在经济转型和城市更新中推行工业遗产项目再生改造的机理和特征,并在吸纳相关经验之后,提出适合河北省情境的具体路径。工业遗产再生设计作为艺术设计、建筑学和经济学等领域的结合点,整合了经济性、社会性及艺术性,包含多元理论和技术工具,本书对公共艺术元素导入城市工业遗产再生的具体路径进行了探索。

本书可以为资源型城市工业遗产再生改造这个新兴领域提供决策参考,既可以在微观层面为河北省工业遗产改造项目的优化发展提供方案,为典型改造项目的关联主体今后在景观设计实施方面优化调整提供建议,也有助于为国内各地更有效地引导此类项目的实施提供支撑,为地方政府科学地制定工业遗产改造的规划和政策提供理论依据和决策咨询。

著　者

2019 年 10 月

目　　录

第1章 河北省工业遗产再生的理论与现实基础

在当前的时代背景下,产业升级的步伐不断加快,很多老工业基地呈现出阶段性衰落,于是产生了重新调整城市经济结构和布局的现实需求,很多城市工业区段面临再生改造。工业遗产作为再生对象,其适应性转换能给城市提供上佳的更新路向,积极复活工业遗产,使其再生为文化艺术产业聚集地或者工业旅游地,不仅可以充分发挥现存力量的使用,而且可以增强所在地区的活跃度和经济社会意义。面对资源环境约束加剧、传统产业过剩、产能缩减的巨大压力,目前城市转型正在加速推进,工业遗产的再生空间很大,以河北省为样本推进该主题研究具有典型意义和实践基础。

1.1 河北省工业遗产再生的背景和意义

1.1.1 研究背景

1965 年,美国设计师劳伦斯·哈普林(Lawrence Halprin)在旧金山吉拉德里广场(Ghirardelli Square),把一家生产巧克力的工厂改造成包括娱乐、居住、休闲等各类业态的商业综合体。此为对工业建筑进行商业性改造的样板,在初期即遵循维护现存工业建筑的主旨,同时融入部分新兴成分,既能为大家提供服务,又能彰显出工业遗产的深厚基础。随后,这个再生改造作为经典案例,得到了广泛的模仿和借鉴,例如将码头仓储地带再生成商业设施的波士顿昆西市场(Quincy Market)项目。

20 世纪中期,一批艺术家在纽约专门租赁了租金低廉的旧工业建筑,他们通过新颖的方案,将旧工业建筑升级为满足适应性要求、兼顾住宅和办公需求的场所。此类阁楼公寓(LOFT)基于工业建筑遗产的开敞空间,做出空间和功能的重组,积极利用了工业建筑遗产具备的质量载荷。

工业遗产不但能展现难得的文脉意义,而且拥有广阔的再生设计空间。英国的罗伯特·休伊森认为:"一百根工厂烟囱是繁荣时的污染,十根冷却的烟囱是丑陋的眼中钉,最后一根工厂烟囱受到了拆毁的威胁,却成为过去工业时代骄傲的象征。"特别是在一些传统工业城市,完全可以在工业赋存的背景下,推动衍生新的产业活动。城市工业遗产的再生设计给我们提供了上佳的可持续发展路向。

中华人民共和国成立之初,集中力量发展重工业。20世纪90年代后,伴随城市产业结构的调整升级,很多城市出现结构性变迁。随着服务业和新兴产业的发展,传统工业面临着淘汰、升级等问题。此外,城市的不断扩张,不断再规划,使许多工矿企业停产或者厂房外迁。因此,许多工厂厂房被闲置、遗弃而逐渐破败,随着时代的进步和经济社会的高速发展,这些废旧工厂厂房逐渐被淡忘、忽视,并且伴随着使用功能的消失,带来许多生态问题,成了城市环境的负担、城市景观的障碍、城市规划的阻力。

国外对工业遗产的改造和利用要比国内起步早得多,也相对成熟。目前,国内也不断涌现出优秀的工业遗产改造案例,例如闻名国内外的北京"798艺术区"前身是798工厂——20世纪50年代苏联援助中国建设的大型企业(北京第三无线电器材厂),"798艺术区"这个名字就是传承了原来老工厂的称呼。经过一系列改造发展,如今"798艺术区"已然发展成了艺术家的聚集地,汇聚了设计师、艺术家等文艺圈的人,同时也带来了艺术展示空间、艺术家工作室、画廊、酒吧等丰富的艺术富集形态,形成了业态丰富的文化创意产业园。"798艺术区"的艺术生活方式得到了认可和传播,也成了北京现代文化艺术生活的地标之一。但是同在北京市且本来被业界寄予厚望的首钢搬迁后的工业遗产改造却比较滞后,目前仍未全面向公众开放,而且周边社区环境的烘托和公众参与程度也不乐观。与此相对比,位于辽宁省鞍山市的鞍钢集团有限公司已经在工业遗产再生方面取得了很大进展,特别是鞍钢集团博物馆体量庞大、展陈丰富、特色鲜明,走在了国内钢铁工业遗产再生改造的前沿,如图1-1和图1-2。

我国各地工业遗产的再生改造基本为政府推动模式,有的是由艺术家的聚集带动商业性开发,原工矿企业的参与程度不算高,当地民众和外来游客对工业遗产项目的价值认同感不强,影响了工业遗产旅游的辐射力。工业遗产是在宏观的新型城镇化及所在城市更新的引领下,被建筑、城市规划、经济等学科领域所共同关注,其重点是商业性开发。同时,我国工业遗产的再生改造也是在政府工作框架下受到了文物保护和文化产业发展的综合推动。因为工业遗产保护以外部因素的影响为主,比较缺少内生的动力,所以相关工作的覆盖范围较小。工业遗产在再利用的过程中也注意了对商业性质的关注,一批工业建筑遗产被改造为商场、写字楼,其中工业建筑与艺术相融合是比较明显的。受到国外的影响,国内有的艺术从业者也把陈旧的工业厂房设施更新成画室、工作室、创作中心等。而近些年各级政府对文化创意产业给予了较多支持,形成了把大量工业遗产再生为文化创意产业园区的态势。我国的工业遗产尽管得到了艺术家自主的关注和保护,然而这些人更多的是珍视工业遗产的艺术特性,其视角比较单一和局限。而当地的居民则可能觉得工业遗产与己无关、没什么兴趣,完全按照商业价值来判断工业遗产是否应该被保留并进行再生,或是被予以拆除。

图1-1　鞍钢集团博物馆外景　　　　　图1-2　鞍钢集团博物馆内的天车
资料来源:作者拍摄　　　　　　　　　　资料来源:作者拍摄

1.1.2　研究意义

在新的时代背景下,传统制造业的份额逐渐下降,新兴产业逐渐超越传统的产业,金融、贸易、科技、信息、文化等功能日益成为城市主体。在此过程中,一些老工业基地出现不同程度的阶段性衰落,于是产生了重新调整城市结构和布局的客观需求,诸多城市区段需要进行更新,这里面传统工业建筑是重要的更新组件。但是在当今城市高速发展、资源相对紧张的情况下,许多地方为了追求经济效益,不惜将具有文化艺术意义的工业遗产拆除,这不仅是对资源和能源的巨大浪费,同时也错失了一座城市甚至一个国家工业发展进程与成就的展示机会。因为这些遗存下来的旧厂房,展示着这座城市乃至这个国家曾经的工业成就,见证了国家工业发展历程,而且承载了人们对某个年代的浓厚情感。

如今大家在外出旅游时,不仅仅要购物、看风景、游览名胜古迹,更多的人还想了解这座城市,了解城市的发展和各种文化,从而产生了工业遗产游览。这对于以前着重发展第二产业的老工业城市来说,在当今资源逐渐枯竭、城市转型过程当中,未免不是一个契机。抓好这个契机,就能从中创造更多的机会,使城市产业结构更加优化,同时也能为老工矿企业带来新的活力。所以在城市发展过程中,对遗留下来的工业厂房有必要采取保留、保护的措施。根据可持续发展观的指导,保护性再利用是低碳高效的资源回收利用方式,不仅符合可持续发展观的指导思想,而且还节约了大量的城市建设成本及环境资源、城市能源的开销,也保留了城市的工业文明和国家工业历程的见证,提升了城市文化品位,维护了城市特色风貌。因此,工业遗产再生既有特定的文化价值,又具有城市发展建设的经济意义,如图1-3和图1-4。

图1-3　沈阳铁西区的中国工业博物馆
资料来源:作者拍摄

图1-4　北京胶印厂改建的"77文创园"
资料来源:作者拍摄

很多时候工业遗产被认为只是提供纪念意义的载体,此类定位过于简单地显现了工业遗产的文化历史特质,因此往往对其采取强调商业价值的全面拆改的办法。有鉴于此,如果只是按照历史和文化艺术性来评判工业遗产的价值,显然不能实际推动工业遗产项目区域的再开发。曾经的积淀是推动再生设计的基本支撑,但需要再次识别其意义和用途,再次释放其作用。近代工业遗产的再生改造对城市更新及空间重组、城市形象塑造与宣传、文化的传承与发展、环境的治理与改善、产业经济复兴等方面具有助推作用。在经济意义上,工业遗产的建筑结构一般具有较强的可塑性,厂区的面积往往也较大,在对工业遗产的基本结构布局和形象进行维护的基础上,能够进行适应性的再开发、再设计。那么,一方面可以避免其由于闲置而被毁坏,另一方面可以使旧环境衍生出新构架。对这些工业遗产重新做出价值评定,对其功能进行再开发,能使其再度融入大众生活。当然在工业遗产再生改造的设计过程中,由于各城市的开放包容、文艺氛围都有很大不同,如一味照搬国内外成功案例,就会出现设计雷同、主题缺失等负面情况。

随着城市中心区"退二进三"的大规模实施,工业部门的空间布局重心转向新兴工业聚集区,使得工业遗产的数量快速增长。工业遗产大多地处城市中心区段,客流量大。如果能够进行成功的投资改造,引入适宜的多元业态,必然会凸显其商业潜力和经济价值。再生项目以旧有设施为基础,能够免去工业遗产老旧场所设施的拆清支出,并且社会关系界面单一,有利于及时更新并再次发挥作用。传统工业企业则可以通过外迁获得级差地租的补偿,从而获得充足现金流,推动和发展资源的优化重组。

倚重传统产业的工业城市若因为产业结构和产业层级原因而落伍,那么城市会陷入停滞和困顿,居民流出及城市层级地位的下降很难阻挡。城市是一直处在更新及再生之中的,所以在此类循环交替中,怎样处理旧有的工业遗产是需要专门考虑的。先进国家在过去的数十年中已经实现后工业化,服务业占据了主导性的经济体量,城市功能和面貌已经进行了更新。以往风光的重工业明显处于颓势,大量相关的车间、仓库等工业建筑被空置。随后,一些厂区更新成新兴产业的聚集区,特别是分布于中心城区的部分工业遗产被再生为文创园区、住宅区和城市公共空间,部分老工业建筑和设施被改造为商业机构和公共载体。

在变化的经济社会情境下,产业体系的重塑和功能的调试是城市的关键工作。资源型城市在转型的过程中留存了许多具有特定文化价值、承载我国工业文明的工业或矿业遗产。如何协调好保留历史性工业遗产与城市拓展的关联,从而推动两者的互动共生,是一项重要课题。而公共艺术视角下的工业遗产改造和城市文化设施重构设计,将成为重要着力点和高端指向。传统工业城市在产业升级和减轻自然环境压力的共同要求下,积极引入公共艺术元素,开拓文化创意空间,这样有助于形成接续产业体系,有利于城市功能的提升,有利于城市公共服务体系的创新,有利于文创产业的培育,能给可持续发展创造崭新动力。

在河北省,传统产业部门需要转型提升,生产基地面临搬迁改造,废旧工矿建筑等待处理利用,城市品牌形象应该重新被定位。当地的工业遗产代表着河北省的特色文化内涵,在战略转型的进程中应当充分依托原有地段、城市环境和废旧设施资源,将工业遗产再生和公共艺术元素导入、文创产业培育相融会。上述构想可以发掘传统工矿城市的文化艺术价值,能够发挥节省物质资源、提高城市文化品位、构建城市建筑特色、增强城市公共供给的综合效能,为河北省资源型城市转型开辟创新路径。

1.2 河北省工业遗产再生的理论基础

工业革命以来,根植在我们身边的工业景观正在城市更新的背景中转换,从工业空间首先转变成工业遗址,然后再探索再生改造的可能性。

1.2.1 研究现状

《关于工业遗产的下塔吉尔宪章》(*The Nizhny Tagil Chapter for the Industrial Heritage*)中提到:"工业遗产再利用的连续性对社区居民的心理稳定给予了某种暗示,特别是当他们长期稳定的工作突然丧失的时候。"对于在这些企业工作多年的职工来说,在厂区附近多年的工作及生活使其对工业遗产地拥有较强的眷恋,企业精神早就是其不可分割的部分,因此企业外迁会带来多方面的空缺。资源型城市的战略转型,从短期来看是社会的阵痛,从长期来看是一种信仰和历史的断层。数代人奋斗的事业终结,大量年轻人口出走流失,老工业基地的居民规模明显缩小,从而形成文化真空。这便是很多工业遗产被拆除的主要原因,改变这种状态的办法就是改造再生。如果能在原址的基础上实施大规模改造置换,开发出替代性功能,则既能提供新的就业机会,又是对老职工在精神层面的慰藉。

面向工业遗产问题的专业探讨源自英国研究组 20 世纪 50 年代在"工业考古学"主题下的调研。1955 年,英国人麦克·瑞克斯(Michael Rix)在《产业考古学》一文中分析了工业遗产的广泛价值和经常存在的生存困境,从而激起相关的业界、学界和公众,都开始关注工业遗产的保护和更新改造事宜,政府亦先后启动相应的更新保护行动和保障安排。英国工业考古学会于 1973 年组建,随后在峡谷铁桥(Iron Gorge)博物馆举办了首次工业纪念物保护国际会议。在 1978 年的第三届工业纪念物保护国际会议上,成立了国际工业遗产保护委员会(The International Committee for the Conservation of the Industrial Heritage,简称TICCIH)。随后,欧洲、日本等地区和国家都相继开展了对工业遗产基础资料的调查、整理和专题研究工作;从 20 世纪 80 年代开始,相继有一批工业遗产被收录到由联合国教科文组织下设的"世界遗产委员会"编纂的《世界遗产名录》中。

2003 年 7 月,在俄罗斯下塔吉尔(Nizhny Tagil)举办的 TICCIH 第 12 届大会上发布了《关于工业遗产的下塔吉尔宪章》,这是世界范围内工业遗产保护的纲领性文件,意味着国际社会关于工业遗产问题达成了共识。对工业遗产的概念,《关于工业遗产的下塔吉尔宪章》指出:工业遗产由具有历史价值、技术价值、社会价值、建筑学或科学价值的工业文化遗存组成,包括建筑物和机械设备,生产车间,工厂、矿山及其加工和提炼场所,仓储用房,能源生产、传输和使用场所,交通及所属基础设施,与工业相关的住宅及宗教、教育等社会活动场所。

在学术研究层面,后工业化背景下的工业遗产改造并不是新话题,其中主要面向文化艺术功能的再生设计也早已在国内外开展了大量实践。该主题领域的相关研究总量丰富,并往往依托于所在地域的实际案例呈现。Ayşe Duygu Kaçar 总结了可以从德国鲁尔区的工业遗产改造中汲取的涉及文化艺术保护传承和科学布局后工业主题文化艺术区的系统性经验。Kamila Tureckova、Stanislav Martinat、Jaroslav Skrabal 等以捷克共和国为例,评估了后工业时代城市棕地对土地价格的影响。Martinát、Navrátil、Pícha 等强调了居民对城市工业遗产再生改造的实际需求,这其中侧重的是文化艺术区的功能定位。Vojtěch Bosák、Alexandr Nováček、Ondřej Slach 以捷克的传统工业城市俄斯特拉发为例,探讨了城市更新过程中将工业遗产转型为文化艺术区的问题,考证了与工业题材相关的文化艺术的资产意义和再生挑战。

在国外的相关研究中,以城市群协同共生为视角和嵌入点属于最新进展。Daiga Zigmunde、Anna Katlapa 研究了后工业背景下,拉脱维亚利耶卢佩河流域的工业遗产改造项目的统筹开发与联动机制。Jan Barski、Maciej Zathey 细致地描述了波兰境内工业遗产在后工业时代的演进历程,谈及了一国境内不同地区改造项目的关联事宜。Kamila Turečková、Jan Nevima、Jaroslav Škrabal 等揭示了改造便利导向的宗地空间布局模式,实质上加入了对位于不同区位的再生项目强化关联、协同互动的内涵。Dace Řžepicka、Aija Ziemelniece、Una Īle 解析了拉脱维亚帕维洛斯塔市分布在波罗的海沿岸的工业遗产,重点刻画了再生改造的艺术特性和文化艺术功能的区域性构造。在第 14 届国际多学科地理会议上,与会学者共同提出了一项题为"中欧工业遗产文化路径"的泛中欧范围的动议,大力倡导通过多国多地的互动合作,实现源自工业遗产的文化艺术区的协同发展。

国外关于工业遗产渊源的文化艺术区建设一直属于研究热点,案例分析也很扎实。其中关于区域内不同城市在该领域的统筹合作、共同搭建文化艺术高地方面的内容,虽然已经初见端倪,但仍然不够正面和深入。在国内的相关研究中,针对工业遗产改造转型为文化艺术聚集区的成果比较丰富,很多城市都在城市更新的背景下开展了再生进程,同时进行了经验和理论的总结。2006年,中国首届工业遗产保护论坛在无锡举办,工业遗产问题被重点关注。郝卫国和于坤探索了如何将唐山的旧厂区再生为系列展陈空间,并认为这将会谱写资源型城市、转型中城市软环境重构的序曲,标志着唐山由工业城市向后工业城市的转变。朱文一和赵建彤以启新水泥厂改造项目主设计单位的身份,说明了整个项目的规划背景、设计要求和操作过程,着重揭示了方案设计过程中遇到的实际困难和应对办法。杨彩云、康嘉和邹艳梅对工业遗产保护与文化创意产业园建设进行了整合研究,认为工业遗产可以作为唐山文化创意产业园建设的重要载体。闫永增探讨了唐山工业遗产的保护事项,并指出了三种开发利用模式。孔雪静专门以唐山启新水泥厂为例研究了城市中心区大规模工业遗产改造再利用问题,详细解析了启新水泥厂各主要建筑遗存的再利用价值和改造技术,学科背景和研究视角主要是建筑科学。尹霓阳和王红扬用台北 URS 的例子,解析了多元协同下的城市更新模式。

1.2.2　现有研究局限

对工业遗产再生改造问题的研究已经成为近些年的学术热点,吸引了包括艺术设计、建筑学、城市规划、经济、历史等多学科专业共同关注,交叉研究的特点比较明显,各类成果也较为丰硕。但在理论和实践方面还缺乏关联,一些具有先进性和整合性的理念未能付诸实施,一些工业遗产再生项目缺乏科学的理论支撑。已有的涉及工业遗产改造的研究成果虽具备了一定的基础素材和历史表述,但没能做出凝练和提升,完整的研究框架则更未形成。该领域的技术基础还比较薄弱,难以满足众多城市战略转型过程中的文化艺术诉求,迫切需要推动主题发展和技术进步。

目前,指向河北省工业遗产再生设计的学术研究已经取得一定进展,但至少还存在以下三方面问题:第一,现有成果在研究河北省工业遗产改造时的广度和深度均有欠缺,比如在铁路和火车机车领域的发掘利用几乎处于空白,后续研究需要大力拓展覆盖面和增强透彻性;第二,面向代表性改造再生项目的学术研究仍滞留在前几年的起步期,必须指出的是当下的关注重点已经不是项目改造的必要性和基本方向,而是需要对已经完成的工作进行阶段性评估,找准主要瓶颈和约束条件,从而提出下一步的改进策略,这也正是本书的主要工作所在;第三,针对河北省工业遗产再生设计的本土研究投入不足,现有的部分成果源于外部专业机构的力量,虽经验丰富但往往对河北省当地的情态理解不足,影响判断和设计定位的准确性。因此,本书将在充分考察河北省实际情况的基础上,使用多重方法对工业遗产再生设计进行绩效评估,并相应提出适用性强的优化路径。

西方发达国家率先进入了后工业社会,较早开始注意到传统工矿城市的文化艺术和景观价值,并对旧有建筑进行了改造再利用。随着可持续原则成为世界发展主流,城市发展更强调人与环境的共生性及对历史文化艺术的尊重。1996 年,在巴塞罗那举办的国际建筑师协会第 9 届大会提出的城市"模糊地段"(Terrain Vague)就包含了诸如工业、铁路等废弃地段,指出这些功能衰退的建筑设施需要保护和改造。近年来,我国也逐渐认识到资源型城市旧工矿地段所蕴含的多重价值和艺术内涵,开始了一系列可持续改造的探索并取得可观效益,如上海新天地广场、广东中山岐江公园等。

1.3　河北省工业遗产再生的现实基础

1.3.1　河北省资源型经济模式的战略转型

随着城市空间布局的变化,各类型工矿业项目逐渐向城外拓展,老工业区日渐废置,工业遗产明显承受着城市更新的冲击和产业升级的共同压力。同时,老工业区的更新改造也正在感受城市发展活力新的震荡,改善人居环境的目标为老工业区的转型带来了新的契机。

实现资源型地区的经济转型和可持续发展,既是理论难题,又是亟待满足的实际需要。城市或者省域范围的资源型经济模式的优势首先在于资源禀赋,尤其是在经济增长主要依赖投入规模扩张的背景下,凭借资源占有优势而呈现出高增长速度。但是资源本身存在生命期,随着逐渐被开发利用,资源对经济增长的带动作用必将下降,过分依赖资源发展的区域会面临严重的经济压力及社会问题。有关研究表明,在沿海省级行政区中只有河北省属于高耗能行业比重较高地区。高耗能行业主要是传统重化工业,这充分证明河北省经济发展的资源过度依赖特征。

以高能耗、高污染和低效率为表现的经济增长模式,一方面和科技支撑不足等现实条件相关,另一方面也和以往过于看重增速的体制、机制相关。此种经济增长模式引发的资源环境压力、区域发展鸿沟等情况,明显约束了省域经济的可持续性。从长期来看,较为丰沛的自然资源很可能反而抑制经济活动,拥有丰富资源的经济体如果过度依赖简单的粗放型增长路径,很可能被自我锁定。大量的人力和资本转移到资源类部门,扭曲了部门间的比较关系,丧失了培养和改善其他部门的条件和机会。资源型重化工业的绩效虽然在短期可能较好,但却失去了长期的增长动力和转型升级的动能。长期的矿产资源开采会形成大面积的采空区和下沉带,不但会成为地上建筑的隐患,还会严重破坏地表形态,致使地质生态环境严重受损。这是高能耗、高排放的资源型地区存在的共同挑战,亦为限制长期绩效的主要屏蔽。一旦资源耗尽,经济体系不能承受传统重化工业的衰落影响,那么整个省域经济转型就会很艰难。因此,资源型地区的经济转型必须遵循可持续发展理念,充分考虑资源和环境的承载力,克服资源环境瓶颈,实现高质量的经济发展。

资源型省域经济转型面临差异化的优势条件和约束因素,转型路径和政策应该分类制定和推进。沿海及临港优势为资源型省域经济转型提供了独特的空间。在建设资源节约型、环境友好型社会的目标诉求下,沿海的资源型省份必须积极利用临港优势,开拓海外资源利用渠道,构建开放型经济体系。纵观世界,沿海开放型经济在世界经济中的地位越来越重要,世界有四分之三的城市和人口集聚在离海岸线 100 千米以内的地域。伴随中国开放性经济的持续推进,国际贸易市场继续增长,大宗商品和工业制成品都在大量进出,给港口经济带来了良机。现代化港口是沿海产业链条中的核心环节,为推进传统重化工业的优化布局和集约发展提供了优越条件,港口成为调整本地区产业结构的重要力量。港口作为海陆结合点,具有利用外部资源发展本地经济的独特优势。经济的发展离不开资源,但资源空间分布存在不均衡性,而且传统资源型地区的资源濒临枯竭,因而现代化港口为其参与全球竞争提供了高速、便捷的通道,降低了区域经济发展中的交易成本。资源型省域经济转型与沿海经济带建设的互动包括产业互动、交通互动、市场互动、人才互动、信息互动、观念互动等方面,在多元互动中实现产业链聚集的新进展。在战略转型过程中,资源型省份应深度挖掘沿海优势带来的发展潜力,积极引入外部资本,大力发展前靠港口、辐射腹地、带动力强的现代产业,增强经济转型升级的各方面动力。

经过长期积淀,河北省的工业架构基本上是以重化工业为主体,初级重化、内向循环是河北省典型的经济表征。河北省的经济非常依靠自然资源,依靠自有禀赋。河北省传统资源型产业特征比较明显,总体表现为低级化和偏重型,经济粗放的格局尚未改变,高新技术产业比重低。河北省是自然资源丰富的地区,但技术创新和可持续发展趋势,使技术和资本在经济发展中的权重提高,这对河北省通过开发资源形成产业优势的工业化模式构成挑战。资源的保障力和环境的承载力构成了阻碍河北省经济可持续发展的主要障碍,高消耗、高污染、高成本的发展道路难以为继。以资源型产业为核心的经济内循环模式、开放创新意识不足等因素,使得省域经济发展面临着发展方式转换、要素供应方向调整、就业技术结构升级、生态环境改善等迫切需求。

实际上在全国各省份中,河北省的对外开放时间并不晚,秦皇岛位列1984年的第一批沿海开放城市之中。在多年的开放历程中,河北省大力实施了"两环开放带动战略",对外开放范围不断扩大。然而,河北省虽然属于沿海省份,但长期以来在产业结构、项目布局、心态意识等方面,并没有定位于沿海开放型经济模式,而是更多地表现出内陆资源型经济的典型特征。由于诸多因素的影响,河北省没有充分利用好自己的沿海优势,进出口贸易额、外贸依存度、外商直接投资额等反映经济开放度的指标排名在沿海省份中明显落后。河北省推进资源型省域经济转型需要真正把发展开放型经济放到经济发展主战略的重要位置上来,科学谋划和构筑沿海开放式经济格局。

在全球性产业迁移变动过程中,中国凭借着发展潜能和营商环境,仍然是国际产业迁移的重要目的地。跨国公司看重中国极具成长性的市场容量、充足的熟练劳动力和研发人员及广阔的经济增长前景,因此中国是承接国际产业迁移最多的发展中经济体。当下,环渤海地区的发展仍然是国家重点关注的区位,并积极推进京津冀协同发展,这为河北省把沿海条件转化为现实优势、谋求实质性提升,提供了历史机遇。

表现出典型资源型经济形态的河北省拥有一项大多数资源型地区不具备的特色条件,即沿海和临港优势,这就为河北省的未来成长提供了难得的高端平台和丰富的选择。河北省的产业结构长期以来呈现内陆特征,空间上沿山分布,产业体系缺乏沿海特色,未形成与港口经济互动发展的产业结构。面对新的机遇,河北省正以邻海优势为主要依托,更新发展战略,促进资源型经济格局的转变。河北省要突破原有路径依赖,就必须实施大开放战略。加快构筑沿海开放式经济格局是河北省面对经济全球化不断深化的必然选择,是在新一轮国际产业转移浪潮中发挥比较优势的必然选择。

河北省位于我国东部沿海,港口资源近年来正以前所未有的速度开发扩展,沿海港口群体系逐步完善。河北省沿海地区主导产业的全面开发和开放型经济体系的启动使得内陆资源型经济模式迅速转变,并且必定成为河北省经济发展方式转变的主要驱动力。生产要素向沿海集中,这就为调整资源依赖型产业结构和提升产业层次提供了契机。河北省产业发展重心向海陆运输便利、发展空间广阔、接近国际市场的沿海临港地区转移,将有助于实现寻求外部资源支撑、转变发展方式等目标,资源型经济模式的战略转型也可同时完成。

1.3.2　资源型城市转型中的公共艺术需求:城市更新视角

世界范围的大规模城市化进程始于18世纪英国工业革命,资源型城市随着矿产资源开发而诞生。工业城市的快速兴起促进了工业化,也导致了严重的资源环境问题。以传统工业为支柱产业的资源型城市由于缺少文化积淀,容易成为环境和精神的沙漠,对自然资源的无节制开采和对生态环境的无情施压,使得城市变得呆板及冷漠。由于过度依赖资源的不合理性逐渐凸显,各资源型城市均面临经济社会发展模式的战略转型。资源型城市战略转型是一项庞大的系统工程,包含艺术发展在内的文化转型是其重要构成。在资源型城市战略转型的过程中强调注入公共艺术元素,可以对重构资源型城市的文化内涵、改换资源型城市的传统形象发挥重要作用。

从公共艺术维度进行考量,各种传统资源型城市的战略转型表现出不同特点。西方发达国家率先进入了后工业社会,较早开始注意到传统工矿城市的文化艺术和景观价值,并对旧有建筑进行了改造再利用。发达国家在城市更新中为旧工业建筑注入艺术元素,完成了许多优秀作品,如法国巧克力工厂改造成的雀巢公司总部、意大利林格图工厂改建的林格图大厦等。英国将原定被拆除的火电厂改建成目前全世界吸引游客最多的美术馆,成为英国文化艺术产业发展的典范,同时带动了泰晤士河南岸地区从相对落后的旧工业区发展为文化繁荣区。近年来,我国也逐渐认识到资源型城市旧工矿地段所蕴含的多重价值和艺术内涵,开始了一系列可持续改造的探索并取得可观效益,在保留旧有标志元素的前提下导入了现代环境艺术特质,如北京"798艺术区"、上海新天地广场、广东中山岐江公园等。

城市更新旨在对城市中的某个区域实施投资改建,用新的功能替代衰落的空间实体,令其再次焕发生机。城市更新的概念一方面涵盖对建筑硬件的优化改造,另一方面也包括对城市视觉环境和文化环境的塑造,涵盖社会情感的延续。城市建筑的更迭是一个永恒的课题,随着中国经济的快速发展和转型升级,城市更新水平亦同步跟进,大量工厂搬离中心城区,遗留了大量废旧厂房。对于此类建筑,是拆除重建还是改造后加以利用,备受当地政府及社会各界的关注。

工业文明时代积淀下来的城市文化和工业遗产是重要的物质和精神资源。在中国工业化进程进一步深化、产业结构发生明显改变、社会进入全方位变革的当下,城市发展也正以不可阻挡的速度和空前的规模在全国各地展开。为了更好地保护老城区中的工业遗产的历史地位,同时兼顾城市更新的整体形态,如何统筹城市更新和工业遗产改造便成为重要论题。实际上,在城市更新的体系下,对工业遗产进行必要的改造和再利用,既是对历史文化和城市文脉进行有效保护,同时也是城市更新的具体实施方式之一,能够全方位改善局部城市环境。在城市更新的大架构下推动工业遗产的再生设计,能够在不变革城市空间形态而又传承城市文化的条件下改造出新的功能空间。

在城市更新的框架下对工业遗产进行再生设计,需要持融合原则,尊重工厂的历史文脉含义和与城市的交流对话关系。为了增强工业遗产在保护与再利用过程当中的可实施性与可持续性,还要考虑对现行城市规划的影响。保护文化内涵比较厚重的工业遗产,应尽量维持原厂房的历史文化气息及建筑空间形式,然后再将新的功能空间匹配进去,两者相辅相成、互生共存、相互融合才是对工业遗产改造最有益的方式。

在原有的基础上发现其中的空间意义并加以利用扩展,为其注入新的活力因素,并与周围环境、城市肌理相融合,这才是对工业遗产进行再生设计的更深层次的意义所在。在工业遗产的改造过程当中,要有选择性地进行设计,不能仅仅因为要节约资源、保护环境等就完完整整地对旧厂房进行保留,而是要取其精华,弃其糟粕。在整个工业发展阶段,也存在许多不和谐的厂房建筑,我们不应该盲目地一并保留,而是应该对整个工业遗产进行分析评估,对其中具有厚重历史文化含义的加以保留、改造,使其能够符合如今城市的肌理,融合到周围的城市环境当中,深化城市文化文明;对于一些难以改造或者说已经难以继续使用的,如果具有较大的意义,可以考虑做成遗址建筑,如果厂房自身的改造价值与自身的工业文化价值并不大,可以考虑拆除,并且将建筑垃圾回收利用,而不是一并抛弃。

在工业遗产的再生过程当中，要有针对性地进行设计，不仅要综合考虑城市的规划设计和周边环境，而且要充分考虑周边的城市功能形态。可将工业遗产改造方向归为文化展览、餐饮娱乐、文化创意产业三大方向：文化展览类工业遗产（博物馆、美术馆）适合分布在有一定文化底蕴的地区，比如老城区、旅游区等；餐饮娱乐类工业遗产（酒吧、会所等）适合那些分布在具有时尚气息且年轻人较多的地区，比如青年城、商业综合体附近；文化创意产业类工业遗产（文化创意产业园）适合那些具有一定规模的旧厂区，以及租金相对低廉的地区，比如城市边缘地带。

随着资源不断地被消耗，资源型城市逐渐衰败，再加上环境问题的加剧，落后产业的淘汰升级，大量的工矿企业外迁或者转行，因此大量的废旧工业遗产出现在了城区里，有许多的工业遗产改造成了文化创意园、博物馆、居住用地等，但是还有许多可进行改造的、具有文化含义的工业遗产没有被保护利用起来。根据现今对工业遗产的存留情况来看，很多人还没有意识到工业遗产对一座工业城市的重要性，面对日益严重的城市环境污染问题，开发以工业文化遗产保护为主的产业会是一座城市的再生动力。资源型城市转型面临着许多的问题，这就需要城市和国家的政策紧密结合，从宏观的城市未来发展和对生态环境的保护、节能减排等方面考虑，因地制宜地实现产业结构多元化。

可以从工业遗产入手，保留工业文化底蕴丰厚的遗产，弘扬企业文化精神，同时也能增加城市文化含义，带动第三产业的发展。从河北省现有的实际改造项目来看，大都体现了各自的特色及所代表的工业文化含义，并且很好地与周围城市环境相结合，但是后期也存在着许多的问题，如管理不当、日常维护缺失等，这就需要政府管理部门加强维护管理；如果参与人员较少，可以从城市旅游角度出发，建立一条特色工业文化遗产旅游专线等，也可以根据实际项目定期举办相关文化活动，吸引文化工作者，同时也能唤起老工人们对特定年代的情感记忆。应对工业遗产进行评估研究，针对个体制订适当的保护改造计划。

对于工业遗产的再生设计要从实际出发，综合城市性格，根据工业遗产原型，配合地理文化，改造出适时适地的工业遗产。工业遗产可以说是人类文明发展史上的一大重要成果，工业遗产的再生改造任重道远，不仅要从遗产本身出发，为工业遗产注入活力因子，更要从长远考虑，为改造后的建筑、城市的规划发展及城市的文化文明做出贡献。

1.4　研究架构、特点和方法

　　本书融合运用艺术设计、建筑学和经济学原理,在传统资源型城市经济社会转型的实际背景下,全面论证了工业遗产再生的基本路径。以当前资源型城市中存在的大量工业遗产作为研究切入点,把经济性、社会性和艺术性紧密结合,探索将公共艺术元素导入资源型城市转型和工业遗产再利用的理论支撑和具体路径,同时基于公共艺术元素探讨工业遗产再生设计的一般规律。本书的研究结论对类似地区可作为参考依据。

1.4.1　研究架构和特点

　　本书对主要改造项目的初期运行情况和民众反映进行调研整理,分析项目定位的科学性,评价建筑改造设计的合理性,找寻影响项目绩效的瓶颈因素;然后建立模糊评价模型,对典型的工业遗产项目改造绩效实施中期评估,总结其演化状态及经验,并与中心城市和同级城市的类似做法进行比较;最后,将在新型城镇化加快推进的宏观背景下,依据跟踪评估和问卷调查的结果,提出今后河北省工业遗产再生设计的优化路径。

　　本书的研究特点主要是:第一,中期评价。与滞留于改造项目景观方案的初始设计不同,本书主张景观效果呈现的评价与提升;第二,省域范围。与研究关注单体城市改造项目景观设计不同,本书主张增添省域范围内的政策引导;第三,本土观察。与外部专业机构主导工业遗产改造设计不同,本书主张域内研究力量的体验与观察。

1.4.2　研究方法

　　1. 规范与实证结合

　　本书既构想传统资源型城市战略转型中的工业遗产再生设计取向,又有与之相对应的国内外实践经验证明、评估和信息反馈;既对重点区域、城市和项目的工业遗产再生设计进行实证考察,又提出具备自主特色的优化提升路径。

　　2. 国际比较法

　　中国和德国工业遗产再生设计的目标和步骤是由各自特定时期内的主要矛盾决定的,不同的起点、国情和导向勾勒出不同的嬗变轨迹。本书针对中德两国工业遗产再生设计的考察可以提供多样的、差异化的丰富图景,更重要的是依据不同的特征事实展开跨案例分析,归纳借鉴易移植、有价值的经验启示。各个传统工业城市的遗存表现出不同特点,再生过程中对公共艺术元素的导入、对景观设计的考虑等均存在差异化的做法。因此,本书将充分总结借鉴已有实践经验,特别是对成熟的德国经验的分析借鉴,有助于形成和改进设计思路。

3. 模糊综合评价法

模糊综合评价法是指在模糊环境中,兼顾多因素作用,利用模糊变换对一定对象进行综合决策的技术。本书构建了旨在评估工业遗产再生项目实施绩效的指标体系,建立了多级模糊多目标决策模型,运用 AHP 层次分析法确定了指标的权重系数,从艺术、经济、环境等各角度全面从事绩效评估,并依据该算法,对"唐山启新 1889"这一代表性项目进行实际评估测算,以识别其综合绩效,找出了新旧元素拼接的碎片化、经营业态类型的主题相关度不强、社会公共服务能力不强等问题。

4. 意向调查法

在实际调研时,遴选有代表性的参与主体,采用意向调查法(Stated preference,SP)收集微观数据。以规划设计部门、项目经营管理者、普通市民、外地游客等异质群体为对象,设计并发放调查问卷,获取直接的资讯数据。从被调查者对工业遗产再生设计现有进展的满意度、愿景及调整建议的意向表达等方面,获取对今后设计导向的有效诉求。

第 2 章　工业遗产再生设计的德国经验

作为欧洲工业重心的德国,特别是德国鲁尔区在工业遗产再生设计方面进行了广泛实践,积累了大量值得借鉴的经验。在后工业化背景下,在经济社会全面战略转型之中,鲁尔区对长期积累的当地特色进行了再利用,把丧失活力的陈旧工业遗产再生成新式载体,打造成为涵盖文化艺术中心、工业博物馆、购物街区、影剧场集群等多元方式的新平台,令其重新发挥作为城市空间的核心作用。

本章首先对德国鲁尔区工业遗产再生历程和状况做出全景式的概览,然后分别从多维功能、公众参与、低碳生态等视角展开分析。通过本章内容提炼出的德国在工业遗产再生设计领域的经验和操作导向包括历史身份的特征再现、生态恢复与保护理念、营造人性化参与空间、平等分享的设计手法及社会统筹的内生意向等。

2.1　德国鲁尔区工业遗产再生的全景式概览

2.1.1　鲁尔区的工业化背景

在德国,鲁尔区属于典型的城市密集带,也是世界著名的重工业基地。其地处北莱茵－威斯特法伦州西部,面积为 4 432 平方千米,莱茵河的三条支流,即鲁尔河、埃姆舍河及利帕河从该区贯穿。鲁尔区本身并非行政单元,而是一片城市连绵带,是德国重要的都市群,沿河呈东西走向。由于鲁尔区的特殊地位,1920 年,鲁尔区组建了相当于协会的组织,即目前的区域管理委员会的前身,由其处理涉及整个区域的发展事宜。

鲁尔区自 19 世纪中叶兴起,长期的支柱产业是煤炭、钢铁、化工、机械等重化工业。鲁尔区是德国重要的煤炭产地、钢铁产地及机械设备产地,此类部门的增加值最高达到经济总量的六成左右。在这些产业的基础上,鲁尔区的埃森、波鸿、多特蒙德、盖尔森和杜伊斯堡等城市普遍崛起。鲁尔区的工业发展超过两个世纪,埃森市早在 1811 年即出现了具有传奇色彩的工业巨头克虏伯公司,之后,蒂森公司、鲁尔煤矿公司等工业企业亦在该地建立。始于 19 世纪前期的煤矿及钢铁生产,令鲁尔区崛起为知名的重工业聚集地带。

在一个多世纪的快速发展之后,鲁尔区在 20 世纪 50 年代末、60 年代初,呈现出衰落迹象,特别是其主导的煤炭及钢铁领域。20 世纪 70 年代后,逆工业化的前景日益显现。鲁尔区倚重的传统工业遇到了空前的困境,出现了主导产业下滑、产品产量下降、经济增长缓慢、就业机会减少、人口流失、污染严重等诸多问题。于是,政府部门推出诸多提振鲁尔区经济的政策措施,其中,工业遗产的再生改造在留存区域演进历程、发扬工业文化艺术内核及形成特色的区域形象等方面产生了重要影响。

2.1.2 鲁尔区工业遗产更新再生的阶段划分

1. 最初阶段(1910—1960 年)

德国首个曾经险些被拆除但又得到保护的工业遗产项目是地处厄尔士山下安娜贝格的包括汽锤在内的冶金厂区。早在 1907 年,德意志博物馆就表现出对汽锤的兴趣,并组建了相关团体,以维护这个装置。随后到了 1925 年,在实施了保护性整修后,该厂区和相关设施全部对外开放,成了公共性的展陈空间。

从 20 世纪 10 年代起,德国的相关专业人士广泛支持对典型工业遗产的保护和利用,最具有代表性的是"莱茵地区文物及地区保护协会"的成立,并且从 1910 年开始,该协会的期刊便一直刊发关于工业遗产的论文。例如始建于 1828 年、地处科布伦茨的塞内铸造厂,便是德国推动工业遗产保护的早期实例。从 1926 年该铸造厂停止工作起,因为长期衰败,已经处于被损毁或者被清除的境地。一位名为保罗克莱曼的学者投身于这个工厂遗产的维护,主要原因是该厂的建筑采用了生铁建材,属于那时建筑工艺的标志。在其努力下,1929 年该铸造厂成功加入"文物保护"项目,并且获得了旨在修缮工业遗产的专项资金。随后,很多传统工业城市普遍启动了面向工业革命阶段始建的各处工业遗产的转型,此类场所因为难以跟进区域产业体系的升级而散失活力,于是在首先启动了针对少数项目的再生后,相关经验和做法被迅速推广到其他城市。

2. 发展阶段(1960—2000 年)

20 世纪 60 年代左右,后工业化的经济体系变迁使得公众出现"失落感"

(feeling of lose),这种心理情绪不仅促进了工业遗产再生理念的兴起,而且推动了美学艺术认知的迭代。由于受到公众的呼吁和促进,工业遗产的再生保护到了新的阶段。20 世纪 70 年代,德国的 Hermann Glaser 率先有了"工业遗产"的提法,认为工业遗产是具备文化艺术属性的,该提法在现实的再生行动中被普遍认可,推动了工业遗产以文化艺术元素的身份在城市规划建设中得以传承和更新。

工业遗产和历史文化保护基金会的设立、工业文化之路的构建及威斯特法伦工业博物馆等相关工业技术博物馆的建立,共同构建了德国北威州工业遗产保护的整体框架。这不但成为德国,同时也成为别国参考借鉴的标杆,其影响输出范围逐渐扩大,推动了欧洲工业文化之路的发展,是欧盟推介的工业遗产再生典型。

3. 巩固阶段(2000 年至今)

伴随工业遗产再生的推进,其更新活动逐渐在更大的地理范围拓展,表现为网络形态。德国埃森"关税同盟"煤矿XII号矿井及炼焦厂工业遗产的再生设计被全球业界普遍认可,如图 2 - 1。2001 年,继矿业城镇格斯拉尔(Goslar)和弗尔克林根炼铁厂(Voelklingen Iron Works)先后在 1992 年和 1994 年入选世界遗产名录(World Heritage Site)后,该厂区是鲁尔区首例入选世界遗产名录的项目。鲁尔区成为工矿业遗产再生的地标,影响了其他组织,启发并带动了 2005 年欧洲工业遗产之路(The European Route of Industrial Heritage,ERIH)的设立,欧洲工业遗产之路当下布局了 60 多个锚点,而且在持续增添新的项目来充实该网络。

图 2 - 1 德国埃森"关税同盟"煤矿XII号矿井
资料来源:作者拍摄

2.1.3　鲁尔区工业遗产改造的典型模式

鲁尔区工业遗产再生的方式很多,例如工业主题的博物馆,包括卓伦煤矿、关税同盟煤矿等;公众休闲场所,包括北杜伊斯堡公园等;商业综合体方式,包括奥博豪森煤气储罐等。工业遗产再生设计应注重修旧,如旧地留存场景,一般在原地进行整修。

1.功能置换模式下的工业遗产再生范例

20世纪80年代末,工业遗产再生以功能置换为基本模式,接受改造的一般是工业革命期间修筑的工业场所设施,包括水力面粉厂、谷仓、制酒厂、发电厂等,类型多样。再生后的项目功能定位包括办公楼、公寓、博物馆、体育馆、美术馆、剧场等。在再生过程中,改造范围也由最初的单个建筑延伸至大范围的社区改造。

其中,位于埃森市的"关税同盟"煤矿XII号井与"关税同盟"炼焦厂均为典型案例。"关税同盟"煤矿XII号井最初建于1928年,以前为欧洲第一大矿井,侧重给"德意志联合钢铁厂"提供能源,所用的技术工艺是当时最先进的。该井在开始运营的前3年中平均每天的煤炭生产量是12 000吨,数倍于邻近的其他矿井的产煤量。该矿井的两位设计师是弗雷兹·斯库珀(Fritz Schupp)和马丁·克雷默(Martin Kremmer),两人在当地业界很有声誉,他们期望把这个煤矿建筑群打造为能激发当地民众自豪感、能代表工业化进程的重要标志。他们选择了包豪斯式样的工业建筑,而且反复斟酌了该煤矿建筑在不同视点的透视情形,从而更能完整把握建筑的空间构架。建筑设计师基于相关理论,创新性地融合了红砖外墙与钢结构,这一建筑安排直到现在也可以达到很高的标准。

"关税同盟"炼焦厂也是由设计师弗雷兹·斯库珀设计的,其1957年开始建设,1961年建成投入使用,属于大型炼焦厂,每天的焦炭产量能达到5 000吨。由于德国钢铁工业的衰落,该焦化厂在1993年关停。面对颓废的局面,1995年"工业遗迹与工业历史文化基金会"(The Foundation of Industrial Monuments and Historical Culture)接管了该厂区并将其整合到区域城市与生态再生的IBA计划中。

"关税同盟"矿区的改造历时8年才完成,将洗煤厂和炼焦厂的整体空间形态保留了下来,对建筑内部进行了局部调整改造。在大框架不变的情况下适当地衔接新功能,如20世纪90年代福斯特设计的红点博物馆,在外观上与周围建筑完全融合。之后库哈斯和博尔改造设计了一个在整体工业建筑群中具有醒目效果的"鲁尔博物馆",最为引人注目的是 24 米的"超长扶梯"和老井架,成为关税同盟矿区的地标,也更好地诠释了传统与新功能的结合,如图 2-2 和图 2-3 所示。

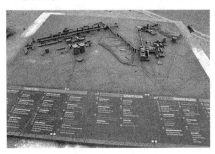

图 2-2
德国埃森"关税同盟"煤矿沙盘
资料来源:作者拍摄

图 2-3
德国埃森"关税同盟"博物馆 24 米扶梯
资料来源:作者拍摄

徜徉在保留原始风貌的关税同盟纪念小道上,昔日的筛煤、洗煤设备依旧矗立,静静的水面倒影柔化了工业巨人的边缘,如图 2-4。也很有意思的是,利用这里的地理环境是可以举办婚礼的,英国艺术家 Jonathan Park 组织的灯光设计将该场所的晚上打扮得如仙境一般,大尺度的工矿业建筑演化为令人心动的"雕塑公园",访客能在里边欣赏以往的工业题材电影,还可以观看以烟囱为背景舞台的杂技,如图 2-5。非常让大家惊叹的是,原来这里的大型浴室现在再生为埃森的舞蹈团练习和表演的场所。

图 2-4 "关税同盟"洗煤厂景观
资料来源:作者拍摄

图 2-5 "关税同盟"园区夜景灯光秀
资料来源:作者拍摄

卓伦 Ⅱ/Ⅳ号煤矿是另一个典型案例。该煤矿 1966 年关闭时,本来决定把矿区用作商业功能的开发,但后来改造再生为威斯特法伦工业博物馆总部,成为德国工业遗产改造再生的经典。出于安全考虑,卓伦煤矿原有的井下矿道基本被填平,但是专门保留和修缮了蜿蜒的地道,并设有井下储酒间,通过对工业遗产的全面再生设计,营造出厚重但雅致的文化氛围。教堂风格的工资发放大厅彰显从业价值感,能反映出强大并且持久的企业文化。该建筑群具有突出的历史、技术和艺术价值,建筑师基于传承工业文明的诉求,要求对其进行保护,使其作为多功能的载体。

来自设计师的灵感给陈旧的工业遗产注入了人性,设计师把陈旧的钢铁厂改造为少年儿童体育训练营。还有一座原来的煤气槽,被再生为潜水训练场所,该圆筒状煤气槽直径 45 米、深 13 米,注满水后放置一辆汽车和一艘沉船,这个设施由救难协会负责运管,承担救难训练的功能。

2. 山野景观公园模式下的工业遗产再生范例

北杜伊斯堡景观公园在进行再生改造以前,尽是破旧的钢厂建筑、烟囱和煤气储罐,不少闲置的主体建筑高达数十米。那么,应该如何处理这些工业遗产呢? 当地对此进行了专门的思考。假如拆掉这些工业遗产,经济及环境代价都很大;不拆掉,这些设施场所就需要和新的发展需求相结合。于是,当地选择了颇有创新性的改造方式,把以上老厂房再生为博物馆和户外训练场所,这样不但存续了工业项目的辉煌历史,而且成了文化艺术体育活动的新焦点,如图2-6和图2-7。

图 2-6
德国北杜伊斯堡景观公园极限运动场地
资料来源:作者拍摄

图 2-7
德国北杜伊斯堡景观公园攀岩项目
资料来源:作者拍摄

原来用于存煤气的储罐被改造成为文娱中心,各种表演经常在这里举行。尺寸非常大、呈圆桶状的煤气储罐原来是为钢铁企业存储所需燃气的,其直径67 米、高 118 米。1994 年,被普遍认为是景观难题的这个巨大煤气储罐被再生为极为新奇的展览地点,被打造成了一个纯封闭、大尺度的展览载体。此种如梦幻般的空间如若不是亲身体验,其实是很难想象的,这个改造案例既存续了过往的工业文明,同时又把其转换为带有文化艺术气息的产物。在这个曾经的煤气储罐中,每个夏季都会安排不少展览,例如纪念德国足球协会组建 100 周年的展览。

科学公园(Science Park)是鲁尔区工业遗产再生设计的又一个标志,当地原来是一个大型钢厂,后来被再生改造为一栋非常时尚的建筑,旁边有大量的草坪和湖泊。改造完成之后的科学公园的性质是社区公园,对公众开放,不收费。科学公园附近有不少工人社区,这些社区原来缺乏公共设施,而科学公园的建设显著改善了附近小区的综合品质。为提升环境和吸引人才,科学公园认真集聚各类高新技术企业,使这个公园成为光伏利用、废弃物处理等科技活动中心,成为青年创业者的基地。科学公园给入驻的企业创造了不错的办公环境,给区域产业迭代升级提供了便利。因为这个公园的景观设计效果很好,在节假日休息时间,该公园是附近民众非常喜欢的公共活动场所。

2.1.4　鲁尔区工业遗产再生的内在动力和保障因子

1. 高校的引进及研究人员的密切关注

为了保持鲁尔区的持续活力,德国政府在原有高校不变的情况下,陆续引进新的高等院校,为鲁尔区带来新鲜、年轻的血液供给。艾森海姆(The Eisenheim Housing Estate)其实是德国鲁尔区最早的工房,其本意为"铁的家园",是 19 世纪后期当地工人住房的代表。20 世纪 70 年代初,当地的规划部门觉得这些工人住宅看起来面貌很差,应该拆掉,然后建设新的项目。社区群众了解到此信息后,纷纷通过媒体反映,表达了继续在此处居住的愿望。这其中出现的一个重要角色是比勒费尔德技术学院(Bielefeld Technical College)的冈特(Roland Günter)教授,他是讲授艺术史的老师,同时也是德国北威州的文化遗产顾问。冈特一直在艾森海姆调查工人住宅社区的人居关系和生活品质。假如工人从该社区迁走,那么此地的人际谱系就会出现调整,因而冈特同社区工人一道阻止拆除规划。在冈特的引领下,其学生及社区工人一起实施了诸多举措,并成功获得媒体的关注。冈特还直接住到了艾森海姆,准备和工人社区一起共"存亡"。

于是,"教授住在工人区"吸引了广泛的社会目光,发自基层的工业遗产保护行动渐渐取得了主导性的舆论位置。1972 年,艾森海姆变成北威州的官方纪念地。1977 年北威州提供资金对艾森海姆进行修缮。1978 年该项目被授予了文化和政治社会"文化奖"("Culture Prize" of the Cultural and Political society)。截至1981年完成房屋维修时,一共留存了39栋房子。其中艾森海姆沃尔克博物馆是1979年由草根阶层倡议建立的,1989年成为LVR莱茵工业博物馆的一部分,记载了原来的生产环境及钢铁工人的生活场景。

多特蒙德艺术学院的Hans P. Koellmann教授呼吁留存措伦的煤矿遗产,防止被拆掉。民众起先到北威州提起诉讼,希望将发动机房保护起来。考虑到这是"传统工业景观的一部分",民众的上诉得到了支持,措伦Ⅱ/Ⅳ矿场和发动机房等建筑得以留存和保护,并于1979年成为了博物馆。德国的工业遗产保护得到政府和民间双向的力量——既是自下而上,又是自上而下的过程,在多方力量的参与下,工业的遗产化得到迅速拓展。

2. 非营利和民间组织的积极介入带来正能量

比较注重考虑工人权益的德国社会民主党倡议的公民社会运动(civil sociality protest)发挥了重要作用,使得针对工业遗产的保护被纳入了法律框架,一批早先的工人社区得到了相关法律的支持并得以妥善维护,继续作为原来工人社区居民的住宅。黑尔纳的Sodingen和Teutoburgia生活区,还有盖尔森基兴的Schüngelberg和Flz Dickebank生活区,就是此类案例。

北威州在1995年和Ruhrkohle AG公司共同建立了保护工业纪念物和历史文化基金会(The Foundation for Preservation of the Industrial Monuments and Historical Culture),旨在更好地保护和利用该州的主要工业遗产。基金会的总部位于多特蒙德的汉莎焦化厂(Hansa coking plant),这家基金会1997年正式启动,顺利改造了大批老旧的工业遗产,并设计了旅游路线。

由非营利组织推进的工业遗产再生,主要是那些名气不大但拥有当地特色的项目,这些是德国工业遗产资源的基层力量。除了由非营利组织支持以外,有的项目是个人自发推进的,这显示出德国工业遗产的厚重根基。Netzwerk Bergisches Land e. V. industriekultur:Bergisches Land是在一个工业历史悠久的地区成立的,e. V. 表示注册组织的非营利性。该组织1997年组建工作组,1998年注册,不少当地群众成为该工业文化组织的成员。这个组织首先积累资金,然后推动工业遗产保护及改造,并出版该主题领域的图书及地图,还从事工业遗产再生的媒体宣传。

3. 更新再生资金的长效稳定投入

投入到工业遗产再生的资金包括各级政府相关机构的专项基金、开发企业投资和个人筹资等。政府机构的专项基金是一些大型工业遗产保护及再生的主要资助方,德国遗产保护基金会为部分工业遗产的更新再生提供了资金上的支持。

例如北莱茵威斯特法伦州经济促进协会(LEG),该协会可经由北威州地产基金来交易当地的荒地。而这家协会身兼数职,包括土地规划者和项目开发商,并且在北威州政府机构的帮助下,担负北威州工业遗产和荒废工业用地的更新改造及再生。组建于1995年的工业遗产和历史文化保护基金会是德国仅有的专司工业遗产保护及更新的机构,这家基金会专门从事处于困境中的工业遗产的研究工作,特别是保护和再生问题。

作为鲁尔区代表性项目的艾姆舍公园的建设资金就源自多方面。艾姆舍公园规划公司在1988年组建时,北威州政府为国际建筑展览公司(IBA)拨款3 500万马克,具体项目的经费由开发商负责,一般由地方政府和私营企业合资进行。仅有的例外情况是杜伊斯堡,其全部支出均是公开集资的。艾姆舍公园项目亦获得了欧盟、国家和州级相关基金的支持。

4.美学认知的调整是工业遗产商品化和艺术化的契机

工业遗产的美学内涵能够解释为工业风和发展史的完美契合,此说法不免有因为利益驱动而再生工业遗产的考虑。在后工业化浪潮之中,工业遗产变为重要的旅游资源类型,能够广泛地吸引当代公众认识工业文明,而且还能兼具休闲娱乐效应。德国北威州的措伦煤矿的改造再生,便是艺术认知调整后,由公众促进其更新再生的典型案例。该矿1966年停产而且要被拆掉,但由于工业遗产所饱含的美学价值,使其得到了媒体和公众的普遍关注。例如措伦煤矿的发动机房属于新艺术风格建筑,外观形似宫殿,而且有大量非功能性的装饰,如入口处的弧形设计及彩绘玻璃等。

2.1.5　鲁尔区工业遗产再生的多层级结构与整合策略

1920年5月,鲁尔区最高规划机构——鲁尔煤管区开发协会(SVR)组建。伴随着该地区的进一步壮大,该协会不断拓展权限范围,后来变为区域规划联合机构(KVR),专门负责鲁尔区总体规划。1995年鲁尔地区联合会(RVR)的前身KVR启动鲁尔工业遗产旅游,最初是用埃姆舍公园国际建筑展作为平台。国际建筑展(1989—1999)是鲁尔区工业遗产再生的标志性成果,其主旨是协助推动鲁尔区的经济社会转型重构行动。该建筑展对鲁尔区工业废弃地和工业遗产的改造再生发挥了非常大的作用,而且引起了社会公众对工业历史、艺术和文化的关注。

北威州在 1989 年组建了国际建筑展览公司(IBA),开始了全面系统的鲁尔区改造再生进程,在十多年内提出了一百多项工业遗产更新设计,各个方案均具备很强的创新性和可操作性,而且注重生态和文化艺术内涵。为得到最合适的项目设计,IBA 集思广益,进行了国际招标,从而得到兼具艺术气息与商业价值的再生方案,把面临被拆除的工业遗产再生成涵盖文化、艺术、工业技术展示功能的综合性场所。

埃姆舍地区的改造并非面向某个范围内的工业建筑群,亦非某城市,而是整个地区。虽然建筑问题是此轮国际展览的中心,然而其所关联的不仅仅是建筑,也需要处理过往的工业化历程产生的环境困局,需要为在后工业化时代面临就业困难的群体创造出一些新的岗位,需要重新培育城市和地区的文化氛围以适应更有活力的社会动向,还需要实现工业化时代的社会理念、认知与服务化社会之间的顺滑过渡。所以,埃姆舍国际建筑展需要解决系统性的经济社会更新,其具体方式当然不局限在建筑概念,而是要给这个地区创出一套新的发展指向。

考虑到想要使工业遗产的再生效果具备持续性,就必须动员各个利益相关方,选择适当的组织方式和方法。埃姆舍国际建筑展的策略包括以下方面。

第一,自下而上的发展策略。埃姆舍国际建筑展不像英国那样建立了专门的特区,因此各个工业遗产更新项目都需要进行常规性审批。而且,埃姆舍国际建筑展借助了一些力量,一是州政府给国际建筑展通过的一些改造项目注入了资金,二是发挥国际建筑展自身的品牌效果。国际建筑展的水准是通过设计方案比选和专门比赛的机制来保证的,建筑展对设计作品并不设立确定的框架,而是强调工作程序。国际建筑展并不设定指向性的一致要求,而是要求把国际建筑展的原则和具体项目相融合。所以,国际建筑展发布了备忘录,以提炼展览的基本理念。基于这一原则,展览一共收到了 40 个设计,在统筹反映地域综合环境后,确定了 75 个项目。

第二,高效的可持续发展筹划。国际建筑展谋求的并非基于固定条件对单一对象的重塑,其试图供给的方案是有推广价值的,既满足日常需求,又能开创新空间。国际建筑展的目的是既在当地启动新的生活环境,又能给面临结构性就业危机的工人提供新的机会。所以,国际建筑展在社会更新方面的举措是:供给再生后的环境和设施,来适应经济社会需求的变化;同时谋求打造新的工作岗位,依靠工人和社会各界的共同努力,给原来在传统工业领域就业的群体争取能够适应产业结构变革的新的工作机会。因此,国际建筑展在解决就业问题方面的具体办法体现为项目订单指派,工业遗产的景观效果更新、废弃地的清理、部分基础设施和配套设施的新建等,均可以帮助就业困难群体,并且能和就业培训紧密衔接。

第三,和谐的情感支撑。在工业遗产地组织各种活动,可以使观众和自己或其先辈在曾经工作的地方产生的感情得以维系,这对曾经从事这些产业的工作者是一种心理补偿和文化修复。曾经为早期工业化做出巨大贡献的地区正处于困境,迫切需要安置下岗失业人员并营造和谐的社会氛围。

2.1.6　工业遗产旅游发展的鲁尔区路径

英国是全球首个组织工业遗产旅游的国家,从工业考古到工业遗产改造,继而出现工业遗产旅游,实际上是在一个较长的时间轴线上先后出现的。就比如知名的铁桥峡谷(Iron Bridge Gorge),该地因为数百年的煤炭挖掘,虽曾作为工业革命源头,然而从19世纪后期开始衰落,传统的工矿企业相继关闭,一直到20世纪60年代启动了工业遗产更新改造,并在80年代率先启动了工业遗产旅游。1986年,联合国教科文组织(UNISCO)将铁桥峡谷列为世界自然与文化遗产,这就诞生了全球首个基于工业化历程的世界遗产。整个项目包括7个工业纪念地和博物馆,铁桥峡谷被打造成为涵盖大量工业遗产保护再生的大型景区。

德国鲁尔区的工业遗产旅游和英国类似,均以产业结构剧烈变动为背景,然而传统重化工业的收缩并不是从最初就把工业废弃场所设施视为文化艺术资源且与旅游业发展联系起来的,工业遗产的资源化及旅游开发,需要一个认知过程,也曾出现不少疑问。

第一,否定期。工业遗产旅游的提法首次出现时,政府机构和公众普遍持怀疑态度,大家不确定此类工业遗产能否产生足够的旅游吸引力,有人觉得工业遗产旅游是不着边际的建议。那时的主流观点更倾向把工业遗产完全拆毁清理,腾出空间之后再引进新兴部门。所以,在20世纪80年代早期,各地纷纷对陈旧的工业遗存项目进行了彻底清除。

第二,迟疑期。尽管社会各界对新的产业项目抱有期待,而且彻底清理后的部分工业废弃地确实聚集了一些新兴产业,但是这些老工业基地仍有很多工业废弃地需要应对,上述举措所依赖的替代产业和接续产业,并不能完全置换全部工业废弃地。另外,将工业废弃地全面清理,这本身就是一项经济代价和环境代价都很高的选择。例如原钢铁厂的高炉设施,其拆除成本和运输成本都较高,而且还需要专门的技术设备。所以,相关主体进入迟疑、迷茫和重新思考的阶段,一些停产后的工矿企业场地被长期搁置。

第三,尝试期。面对产业转型升级的持续推进,必须再次对工业遗产旅游的看法进行评价,而且这段时间在英国、美国和瑞典等国已经出现了工业遗产旅游的成功方案,这都使得德国再次对工业遗产的利用做出调整性安排,试探性地把部分还没处理的工业废弃地再生出其他功能。在此时期,对工业废弃地更新再生和工业遗产旅游进行了尝试性质的小规模探索。

第四,战略期。在德国,工业遗产旅游的代表性产物"工业遗产旅游之路"RI 的推出,为一个覆盖较大区域的工业遗产提供了专题旅游通道,RI 也属于IBA 的区域更新方案的一部分。RI 的推出使鲁尔区工业遗产旅游由单个项目的零散开发变成一个区域整合性的工业遗产旅游系统开发。德国鲁尔区工业遗产旅游路线标识牌如图 2 - 8 所示。

图 2 - 8　德国鲁尔区工业遗产旅游路线标识牌
资料来源:作者拍摄

2.1.7　鲁尔区工业遗产再生设计的细节处理:游客视域

位于波鸿的德国国家矿山博物馆有豪华的砖砌哥特式建筑和华丽的山墙。"皇宫一样的工作环境",当时的人们这么称赞鲁尔区这个美丽的矿区。在为保留这个项目进行的努力中,最重要的目标就是保留带有浓厚青春气息的机器大厅,它也是当今德国工业文化的象征。矿山博物馆为大家呈现了当年有特殊地位的矿工和他们的家庭在矿井和居住地的生活。对于年轻游客来说,"儿童地下室"是他们嬉戏打闹的好地方,如图 2 - 9。

图 2 – 9　德国波鸿矿山博物馆井下场景
资料来源:作者拍摄

　　杜伊斯堡是德国内河航运的枢纽。自 1998 年开始,人们将老旧码头修整成德国内河航运博物馆,内河航运的历史、造船厂、港口船员的工作情况,以及船员和他们的家庭在船上生活的情况都将原原本本、全面广泛地展现出来。在莱茵河上航行的蒸汽船也属于这个博物馆。其中还有 1922 年建造的斗链式挖泥机和起重船。

　　锌加工厂阿尔滕贝格是鲁尔区创建时期少数几个保存下来的工厂之一。1981 年关闭之后,莱茵地区风景联合会于 1984 年开始管理这片建筑群,并且在那里设立了 LVR 工业博物馆的总部。1997 年名为"重工业"的关于钢和铁在鲁尔区 150 年历史且展示面积3 500平方米的展览开始了。像各种模具、以滚筒为主要部件的机器等庞然大物,10 米高、53 吨重的蒸汽锤或者蒸汽机车给游客留下持久的印象,游客通过这个展览可以了解重工业的发展过程。LVR 工业博物馆在奥伯豪森 – 奥斯特菲尔德地区圣安东尼冶炼厂的两个游览地为游客们展示超过 250 年的鲁尔区炼铁厂历史。

　　对于骑行者来说,一天的旅行起点可以是多特蒙德 – 胡克阿尔德的汉莎煤炭联盟,它是于 1992 年停产的。沿着埃姆舍公园骑行之路,首先到达阿登山港口,然后是格莱茵豪森,到达以前的盖森瑙矿区,其当时是欧洲最大的矿区,1985 年是多特蒙德倒数第二个关闭的矿区。沿盖森瑙铁路和雷森波特骑行,直接到达位于吕内的普鲁士港口,一个曾经为周围矿区洗煤的广场,如今变成了带有港口休闲小亭的休息场所。下一个目标是瓦特鲁普矿区,在世界非物质文化遗产——关税同盟附近,还有一个"浇筑"大厅音乐团,为游客提供很多的娱乐项目:在手工制品商店里面扫货,在 Lohn 大厅酒店住宿或者参加攀登项目,或者眺望美景。享里西堡的船坞升降机是瓦特鲁普船闸公园里最古老的一部分,也很有观赏价值。R31 公路通向南部,直接到达关税矿区,它带有统治性的建筑风格并拥有当时最先进的科技,带领游客从古老走向现代。

旅行的起始地和目标还可以是哈姆的马西米连公园或者施韦尔特的鲁尔工段。在马西米连公园可以看到世界上最大的玻璃大象,如图2-10所示。踏上埃姆舍公园骑行之路,穿过利波尔和城市港口,就在盖儿石坦不远处,绕行一段就可以到达凯森格高峰,在高峰上可以欣赏到海恩里希-罗波尔特矿区、东部鲁尔区和大自然风光。然后继续前往贝格卡门-鲁尔特的玛丽莲,穿过曾经的克鲁克内尔铁路线(现在作为埃姆舍公园骑行之路的一部分重新进行了整修),还有R35直接前往乌那。在卡门,有个值得绕道参观的老城,其中有小酒馆、客栈和咖啡店。乌那菩提树酿酒厂拱形地窖是国际灯光艺术中心,人们可以完全沁入光和影的世界中。继续向前,穿过鲁尔区环形之路来到欧博迪克房屋和毕慕贝尔的哥特烧酒酿造厂。穿过鲁尔山谷,到达施韦尔特的目的地,可以在这里停留休息,然后继续骑行或者到公园散步。从哈姆到雷宁森老火车站这一段令人着迷的骑行之路构成了鲁尔区的工业文化骑行之旅。

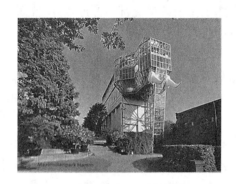

图2-10 德国马西米连公园的玻璃大象
资料来源:作者拍摄

骑行和漫步活动线路连接了"工业文化骑行之旅"很多停靠点。人们加高了路基,以便于骑行者欣赏路旁工厂高墙内的花园和后院的独特风景。骑行者可以在铁路沿线欣赏工业与自然的完美结合,享受季节变迁过程中大自然美丽的风景变化。鲁尔区联合会已经将数千米的铁路沿线进行了改造。沿"绿色小路""关税同盟之路""克里万德尔铁路""HOAG铁路""北方之路"或者"艾尔茨铁路"去参观位于波鸿的百年大厅和"基尔姆"港口之间令人惊奇的造桥工厂,这条铁路已经发展成为自行车的"高速公路"。

为了"再也没有煤炭了"摄影项目,两位杜塞尔多夫的摄影师 Thomas Stelzman 和 Wolf R. Ussler 把曾经的矿工又召集回了矿井,布置了一个个场景。这些照片的核心就是生活历史的基础,集中反映当时的生活并进行评价。这些历史公开了哪些事件在人们的记忆中留下印记,哪些事情是有意义的。很多照片反映了矿厂建设之前或者期间的场景。在最后一分钟,工厂机器还在运转的时候,他们拍摄了照片,人们都在那里站立着,等待发工资和面包。这些拍摄活动不仅是为了帮助人们留下数据和对过去的工业文明的回忆,同时还要分享矿区设施变迁的过程。

曾经的矿工会在活动中谈论井下工作的经历。有的矿工经历了第二次世界大战,一直工作生活到矿厂关闭。没有煤炭,德国经济的崛起是不可想象的。矿工们在井下经历了非常多的危险,让游客把目光转向当年他们工作的艰辛年代,以及在黑暗的、地表深处的矿井下的工作。尽管如此,矿工们都非常忠诚于工作,并且感到那是他们的天职。

在另一个文艺维度上,基于 Monteverdi 的乐谱和历史中的爱情悲剧是不同元素,Suanne Kennedy 在鲁尔艺术节导演了一个独一无二的歌剧。对于曾经的"埃森关税联盟混合设备"(一个有房间、桥梁、漏斗等的错综复杂的地方),他们拟订了一个特殊的、灵活的舞台剧。来自欧洲音乐舞台的乐队指挥 Teodor Currentzis 和他的乐队 Aeterna 在波鸿百年大厅演奏了瓦格纳的《莱茵黄金》。Thomas Mann 的长篇小说《Joseph 和他的兄弟》第一个章节"前奏、序幕:地狱之旅",描述了一段时间旅行,竖直下降到过去的矿井中。这位作家详细地提到那一分钟长的时间,同时伴随着瓦格纳的《莱茵黄金》,就像伴随瓦格纳坠入深渊一样,时间随之下坠,从莱茵河长久以来的音乐基石中喷涌而出。

《莱茵黄金》抓住并领会了日耳曼艺术作品的精髓,是一段历史的新纪元,带有教育意义的视野,深化了艺术作品的历史。在 2015 年秋天,Slang 进行了周年庆典,这是和鲁尔音乐节第一次共同举行。这场音乐会代表鲁尔音乐节狂欢之夜"Ritournelle"和"25 年城市 Slang"同时举行,如图 2–11 和图 2–12 显示的是鲁尔区演出活动现场和演出宣传册。

图 2–11　鲁尔区演出活动现场

资料来源:作者拍摄

图 2–12　鲁尔区演出宣传册

资料来源:作者拍摄

2.1.8　鲁尔区经验提炼与中德比对

欧美国家的工业化起步较早,尤其德国是老牌工业强国,工业文明是其民族历史和精神的代表。相对来讲,我国的工业化发端较晚,且在中华人民共和国成立前具有半殖民地化的特征,中华人民共和国成立之后的工业化也远没有达到欧洲国家在工业革命阶段经历过的辉煌,相应也缺乏深厚的工业文化积淀。

中德两国工业化历史的不同使得两国民众对工业遗产的认知和理念存在不同。坚实的工业文明对德国的民众具有很大影响,形成了一种民间情怀。当第二次世界大战之后的第三次工业革命兴起之后,德国也经历了产业结构的重大变化,服务业已经占据国民经济的绝对主体,但这激发了民众对第二次工业革命辉煌历程的怀念。于是,德国在工业遗产改造再生的相关事宜上,就有了充分的群众基础,同时再加上政府和非政府组织的付出,从而造就了德国工业遗产保护和再生的整个体系,这是自上而下和自下而上的两种力量相互结合促进的结果。

尽管德国工业遗产保护及再生取得很大成功,但是同时也存在不少难题:第一,区域工业遗产保护及改造再生的资金主要依靠政府资助,但财政资金紧张,不可能长期持续投入,实际上还是说明工业遗产改造项目缺乏自己独立成长的内生能力;第二,在鲁尔区构建的工业遗产网络中,各类资源和社会舆论集中在五个主要的工业遗产项目(关税同盟、措伦、北杜伊斯堡景观公园、储气罐和 Villa Hügel),而对于一些规模相对较小、却可能有独特的文化或艺术价值的项目不够重视,没能充分纳入推进计划中。这些都是我国在推动工业遗产改造再生工作中需要关注的事情。

当下我国的工业遗产处理,基本是由政府推动的,下一步需要考虑怎么提高社会力量参与程度,怎么形成针对工业遗产的普遍共识。而在中国的政治、经济、文化环境中,工业遗产的保护和再生必然会出现与欧洲不同的本土化需求。中德两国在工业发展史、经济水平、文化特色等维度的差别,必然出现对工业遗产的差异化认知和理解。认识到上述国情差异,我国工业遗产的改造再生,需要在借鉴德国经验的基础上,进行本土化实践,探索中国特色的实用路径。

2.2 德国工业遗产再生项目公共功能的经验及启示

近代工业遗产改造对促进城市的空间重构、产业复兴、文化传承、环境提升等方面拥有助推效果。过去长期的工业化积累应被视为可再生资源,经过价值的重新发现,可以开发出一系列新的功能。很多已经完成的工业遗产再生项目在怀旧情绪方面比较浓厚,但与现实的联系却不强。许多工业遗产改造项目过于单调的功能定位导致活力不足,遗留的废弃工业地与当下的经济社会环境间的隔阂并未得以松缓,一些被倾力打造的工业遗产建筑仅仅成为"城市雕塑"或"都市盆景",严重缺乏公众参与度。德国鲁尔区作为全球范围内工业遗产开发的经典范例,在"尊重历史、突破创新"理念的指导下,重新审视工业遗产要素的多维价值并开展战略性整治。鲁尔区在工业遗产项目改造中注重嵌入多维度的公共功能,很好地将其融合到现代经济社会系统,避免了简单平台化,有丰富的实践经验可以借鉴。下面将关注点聚焦在工业遗产改造项目的公共功能特质上,着重解析德国鲁尔区在该领域的经验,进而从中发现规律,得到启示。

2.2.1 工业遗产再生项目的公共功能构成:鲁尔区案例

鲁尔区地处德国北威州,不是单独的行政区划,实为"鲁尔区城市联盟",包括埃森、多特蒙德、杜伊斯堡等主要城市。鲁尔区得益于优越的地理区位、丰富的煤炭资源、便捷的内河水运条件等,在一百多年前即成为德国乃至欧洲大陆的工业中心,曾经历过长期辉煌。20世纪70年代以后,以传统重化工业为支撑的鲁尔区逐渐衰弱,经济社会发展陷入困境。经过多方面努力,如今的鲁尔区已基本实现复兴,大工业时代留存下来的建筑遗产大多被改造为各具特色的项目载体,特别是在工业遗产改造项目的公共功能开发方面取得很大成功。下面从文化、艺术、科普、休闲等七个维度阐释工业遗产改造项目的公共功能构成,并在分析每项功能时都提供鲁尔区的实例来印证和支撑。

1. 文化功能

一般来讲,近代工业化浪潮中形成的资源型城市由于缺少悠远的历史传统,很难成为文化中心。但是,当下的鲁尔区却打破了消极的工业形象,正成为广受欢迎的文化集散地。工业遗产的场地和设施见证了当地工业文明的演进历程,具有无可替代的文化特质和深刻的工业文化蕴意。直到现在,炼铁炉、储气罐和提升井架依然在铸造鲁尔区的历史,它们是鲁尔区辉煌工业的印记,同时也是产业结构调整的见证。在这些曾经的制造业中心,虽然有不少建筑已经被列为文物,但这里并不是一个让人有忧伤回忆的地方,而是留存记忆、体验主题活动的空间,因此应注重对工业文化的认知和传播。

鲁尔区组织了名为"工业文化之旅"的自行车骑行项目,拥有穿越整个区域大约 700 千米长的环形路线,旨在向游客全面展示鲁尔区的工业文化。骑行之旅连接了 2 条主要线路,即艾米舍公园骑行之路和鲁尔区环形之旅,工业文化历史遗迹随处可见,可以带游客进行一次欧洲区域性多彩体验。这个骑行之路充满发现和体验的机会,例如在多特蒙德汉莎矿区体验小路穿行,或者在哈姆马西米连公园邂逅世界上最大的玻璃大象。骑行者可以直接在骑行中享受两侧美丽多彩的工业风貌,体验这片区域让人留下深刻印象的时间见证和繁多的绿色自由空间。南北连接的道路把全部美景贯穿起来,游客可以最大限度地感受生动的工业里程碑,体验极具吸引力的工业古迹和工业文化风景。工业文化之旅全面展示了这个区域工业文化的要义,被德国自行车俱乐部评为三星级"高品质骑行路线"。25 个停留点、工业区的自然风光及著名的工人居住区展现了工业文化的灿烂光芒。在骑行者的"高速公路"上或者游览区域内的街道上,大概有1 500个指示牌,便于游客获悉如何到达工业文化最显著的部分。游客还可以在区域内安装的多媒体设备上查看相关信息和其他值得参观的景点,如图 2 – 13 和图 2 – 14。

图 2 – 13　德国奥伯豪森的春日骑行活动　　图 2 – 14　德国波鸿铁路改造的骑行路线
资料来源:作者拍摄于《德国工业旅游图册》　资料来源:作者拍摄于《德国工业旅游图册》

可见在文化维度,鲁尔区这些通过系统性改造的工业遗产,既是当地民众的记忆平台,又能给外来游客演示工业文化的实际状态及发展过程。文化功能是鲁尔区工业遗产改造项目的公共作用的首要亮点,这来源于当地对过往强大工业实力的自信,进而成为这个地区面向未来的精神食粮。

2. 艺术功能

艺术观念转变也促成了工业遗产从"废弃物"转成"吸引物"。鲁尔区工业遗产改造项目的技术措施并不是尽量化解旧有景观,而是谋求重新组合传统景观要素。这些改造设计从未掩饰历史,反而秉持开放和包容的原则,去追忆工业历史,去接受工业美学的艺术熏陶,使诸多凋敝的废墟变成了充满艺术气息的景点。

汉莎中心炼焦厂是鲁尔区 17 个炼焦厂中保存最完整的,目前处于工业遗产保护和工业历史基金会的保护之下。其中的大型雕塑能为到访者提供一个对于过去工业时代非同寻常的印象,了解工业时代的持续变迁。此外,还可以看到令人印象深刻的充满巨大机器的压缩机车间和高耸的煤塔,如果登上煤塔,可以欣赏多特蒙德市的全景。

始于 1871 年的埃瓦德矿区是鲁尔区最高效的矿区,于 2000 年停止了煤炭开采。这里集成了不同矿业时代的多元的矿业建筑风格。1888 年建设的 2 号竖井、1928 年建设的竖井大厅和由著名建筑师 Fritz Schupp 设计的双面驱动架等,都具有深远影响。由两个弧形的钢铁彩虹构成的天文台、巨大的古罗马时期的十字方尖碑形状的日晷,构成了这一区域的标志。奥伯豪森煤气罐是 1929 年作为煤气存贮装置建造的。展览"美好时光"展示了世界艺术领域的杰出成就,游客们能够看到各个时代的文化艺术成果。在这个世界最大的室内展厅,可以看到"320°光线"展示,集中展现了各种光线、灯光的魅力。

煤炭、钢铁和啤酒共同构成了鲁尔区的社会历史。菩提树酿酒厂于 1859 年建成,在关闭之后逐渐变迁成为一个艺术中心。在这个曾经的老啤酒厂的拱形地窖里,光和影子可以为游客打开一个神秘的世界,这就是"Unna 世界光影艺术中心",凝结着来自世界各地的多位艺术大师的设计。其中,美国光影艺术大师 James Turrell 的作品《Third Breath》是代表作。这里还提供了多种关于光影的活动,包括家庭游览、儿童体验等,以及多元化国际艺术教育的机会。从 1873 年到 1914 年,Huegel 别墅一直作为著名工业家克虏伯的住宅,1953 年以后对外开放。今天人们可以分享别墅内历史性的陈设,包括大型画像、壁毯和家具等。在这所豪宅里,经常举办跨地区的艺术展览,以及举办克虏伯家族历史展览。

3.科普功能

鲁尔区工业遗产再生项目的科普功能主要是以博物馆、档案馆的形式呈现的。基于鲁尔区原有的产业基础,科普活动具有多样化的主题,但大都围绕着煤炭、钢铁、化工、造船等传统重工业。这些部门的经济意义虽然已经大幅下降,但仍是公众生活不可或缺的基础工业,大家对这些表面上熟悉的产业部门的内部奥妙充满求知欲,可以借此探索未来的发展方向。因此,科普是工业遗产改造项目针对知性受众和少年儿童的主要公共功能,如图2-15和图2-16。

图2-15　德国波鸿矿业博物馆内景
资料来源:作者拍摄

图2-16　德国奥伯豪森 LVR 工业博物馆
资料来源:作者拍摄

夜莺矿区和穆腾谷矿区是鲁尔矿区的发源地,目前这里可以活灵活现地展现出矿区的开拓年代。在游览矿厂时,装备着头盔和矿灯的游客通过低矮的通道去往真正的原煤开采接缝。游客可以了解到当时的技术和矿工们艰辛的工作环境。在工厂车间里,一台老式的蒸汽机还在转动,在平地上停泊着一艘运煤船。在夜莺矿区和铁路博物馆之间,每年夏天都开通观光火车。徒步旅行者则可以在穆腾谷矿区的小路上体验黑金的历史。矿工教堂是游客们体验传统锻造或者领略传统工艺的展区。

在位于波鸿的日耳曼尼亚矿井,提升井架是其标志性建筑和最大的展品。提升井架利用彩灯进行灯光变幻,并在访客集中的周日提供导游讲解,为参观者揭开工业古迹不为人知的另一面。曾经的老矿工也会在矿山博物馆内为游客讲述他们工作的经历。矿山博物馆矿山历史数据中心滚动播放记录鲁尔区经济历史的电影。这个鲁尔区工业电影项目展示了电影在工业和经济领域里的很多应用,比如维护形象、产品申请或者生产过程记录等。

钢铁博物馆把钢和铁的历史原汁原味地呈现在游客面前,现在铸造车间时常会展示性地流淌炙热发红的原材料。这里最吸引游客的就是乘坐玻璃电梯登上这个区域保存最完好、最古老的高炉。多种多样的活动项目为游客带来差异化的体验，孩子们可以跟随钢铁博物馆吉祥物"Ratte"去"探索之门"，在"绿色小路"及生态手工厂里欣赏工业区的自然风光。

在曾经的 Huels AG 化工厂，在工厂导游的引导下，游客能够了解多种化工产品的生产过程，感受化学的魅力。在楼房的九层，可以看到巨大的化工生产设备。由雷克林豪森变电站改造而来的电与生活博物馆拥有 4 个展览馆、2 500 平方米的展览面积。参观者在里面可以体验到一百多年来，电给工业、手工业乃至家庭生活带来的革命性变化。其中在交通工具展厅，展示的是各个历史时期的电动汽车、有轨电车等。

属于莱茵－北威州水务公司的一个水塔在 1893 年建成，为附近的钢铁厂解决用水问题。1982 年该水塔停用后，水务公司便把它改造为共有 14 层的水博物馆，实现从储存水源到储存知识的变迁，这个博物馆现在已经屡获殊荣。游客可以凭借一张智能卡片打开水的世界，这张卡片同时也是一把钥匙，可以打开很多电脑多媒体、游戏和电影。很多游戏和问题的最终结果，在游览的最后游客可以打印出来。在这里，游客可以了解、学习到很多知识，比如什么是水、如何保护水资源，还有现实中存在的课题——"潜在的水源"。

亨瑞森堡造船厂于 1899 年建成，威廉皇帝亲自参加了典礼。直到一百多年后，人们对这个多特蒙德爱慕斯运河边的造船厂依然充满兴趣。在 LWL 工业博物馆里，参观者可以了解巨大的船舶升降梯的历史和体验在运河边工作的场景。参观者从两个主塔出来，可以欣赏到钢铁建筑和运河两侧的风景。关于当年工人工作服和古老船只的展览也是十分吸引人的。游客在岸上就可以看到一个船上的家庭在以前是如何工作和生活的。

哈根户外博物馆可以为游客展示 18、19 世纪的手工业和科技成果。游客可以在 62 公顷的展区内观赏 60 多个手工业作坊和工厂。这里有大量的原材料，并且通过手工业时代的技术进行锻造、印刷和建造。游客可以亲眼见到针、线、烟、纸、酒、面包、咖啡的生产过程。此外，还有种类繁多的展览、展会和教育方面的项目。这个博物馆的运营方是北威州－利珀河风景联合会。

4. 休闲功能

工业遗产的很多设施可以加以改造利用或添加，作为附近居民休闲、娱乐、健身和聚会活动的场所。在鲁尔区，设计师充分利用原有条件和场地特征，以多种改造方式为邻近居民提供休闲环境，产生了很好的公共效果。例如将冷却水池变更成溜冰场,混凝土料场改造成儿童游戏场,厂房及仓库改造为音乐厅,锅炉房变更成餐厅,储煤仓改建为攀岩训练场等。很多废弃的工业遗产项目位于城市的人口聚居区,其特定的地理位置为开拓休闲功能提供了天然便利,而休闲功能则成为工业遗产改造项目聚拢人气、融入当今社区生活的首要方向。

大约在1900年,在作为德国粮食交易中心的杜伊斯堡建造了大量的粮仓磨坊。第二次世界大战之后,这些粮仓磨坊逐渐失去了作用,20世纪70年代还曾经面临被拆除的危险。近年来,建筑师、艺术家和城市规划人员将其改建成具有活力的城市居民区,并把工作、居住和休闲结合起来,包括MKM磨坊博物馆、餐饮一条街、文化和城市历史博物馆等,还有穿过欧洲最大内河港口的环城游览。杜伊斯堡凭借其天然的水运优势,为游客提供了游艇服务、赛艇出租等服务项目,并设有133个停泊位置。

1902年建造的波鸿联合会展会大厅成为波鸿铸钢厂的燃气中心,1993年修整后主要服务于种类繁多的聚会活动。对于附近的野营驻地和休闲骑行宿营地来说,它是这个城市骑行网络、休闲娱乐区的重要组成部分。2003年之后,这个百年大厅作为音乐和戏剧狂欢节"Ruhtriennale"的演出大厅和中心活动场地。2012年开放的2号水泵房为游客提供了旅游信息、自行车出租服务和餐饮服务。

位于盖尔森基兴、在煤矿废弃地上改建的北极星公园,尤其强调利用大型公共空间来展现休闲功能。83米高的游客观光平台和老工业建筑内的影音中心处于其核心位置。独特的红色双层大桥横跨附近的莱茵 – 赫内尔运河,不远处就是圆形露天剧场。客船停泊中心把"工业之旅"水上停泊点和北极星公园连接在了一起。

5.旅游功能

以钢铁、煤炭等重化工业为标志的城市形象不容易被认可为旅游目的地。但是工业旅游为工业遗产的开发利用提供了新的导向,这是在后工业化的进程中将工业遗产改造为一种独特的工业景观,使当代人感受和体验工业历史及文明的旅游形式。把原有的厂区、厂房、机器、工艺流程包装开发成旅游项目,具有依托性强、体验性强等特点。目前,以工业遗产为资源要素、以旅游为媒介手段的工业遗产转型在德国鲁尔区已成为一种重要模式,如图2-17和图2-18。

鲁尔区工业遗产的旅游具有区域一体化特征,"工业遗产之路"的德文是route industriekultur,缩写为RI,是鲁尔区的区域规划机构KVR设计的游览线路。"工业遗产之路"涵盖数十个有价值的工业遗产项目和典型工业群,集中展现出鲁尔区数百年的工业化历史。鲁尔区工业遗产旅游塑造出统一形象,通过渐进整合,使各个工业遗产项目从独立建设层次变成整体区域范围的旅游目的地,若缺乏统一规划,便可能导致各地工业遗产再生的雷同。整合后的鲁尔区工业遗产形成了特色旅游网络,有效地吸引着来自全球的游客和投资商,推动了鲁尔区的复兴,而且在世界旅游业界获得了声誉。

图 2-17 德国杜塞尔多夫港口
保留的门机
资料来源:作者拍摄

图 2-18 德国埃森火车站对面的
矿工雕塑
资料来源:作者拍摄

6. 商业功能

工业建筑物本身结构的可塑性大,老厂区空间开阔,适合商业功能的再开发。很多工业遗产只要是可以恰当地维护外观及主体框架,就能让旧载体培育新价值。而且工业遗产往往体量庞大,在城区环境中构成历史街区,但其破旧面貌制约了区域价值。如果把此类区位进行整体开发,就会具有较好的经济意义。于是需要利用工业遗产的综合改造来重新聚集人气,转变人们对区域的负面认知,进而随着面貌的改变来提升区域价值,增加开发收益。老工业基地背景下的主题性商业能够吸纳消费群体,还可以提供新的工作岗位,助力区域转型。工业遗产改造的经济诉求是培育新兴产业,特别是适合的文化创意产业。

"关税同盟"煤矿及炼焦厂被"工业遗迹与工业历史文化基金会"接管后,再生为欧洲设计展示中心,转型后的产业功能主要是文化创意服务。

在传统工矿业城市更新的框架下,鲁尔区城市奥伯豪森将原有矿区改建成名为 Centro 的综合购物广场。这个购物园区功能齐备、设施完善,不仅有超大的购物场所,同时还建有餐厅、酒吧、影视娱乐中心、咖啡厅、健身房、儿童娱乐城等。由于特色且丰富的购物功能和便利的区域交通,欧洲各国的游客会在周末来此运动健身、休闲聚会、快乐购物、享用美食。另外,奥伯豪森留存的一个巨型燃气罐成为地标,而且改造成了会展场所,可以有一定的收入。近年来,奥伯豪森已经重新焕发生机,从单一的工矿业城市向强调特色消费的复合功能城市转变。

7. 生态功能

各类工业遗产只有尽量延长使用期限,才能减少建筑在整个生命周期的碳排放数量。对工业遗产建筑进行适应性改造而不是拆除,会节约大量物质资源,减少碳排放,这是工业遗产改造的首要生态价值。鲁尔区对大量工业遗产进行保护性开发,并在改造过程中突出了节能、节材、绿化等各种生态导向的技术处理,将工业遗产变成了生态景观。

原蒂森公司梅德里希钢铁厂改造成的北杜伊斯堡景观公园在整体规划时,采用了分层叠合方式,形成了丰富的景观,主要活动空间在保持空间连贯的同时构成了趣味点。底层景观由水渠、净水池、冷却池等水体组成,通过喷泉水景和水生植物的引入形成了很好的观景空间,在水面下形成了水处理自洁系统。厂区内部曾受到污染的废弃地上展现着野生植被顽强的生态演替,植被种类有450 多种。

马西米连矿区现在作为园艺公园为家庭提供度假项目。其标志性建筑是一个玻璃大象,由曾经的洗煤机加塑料材质组成,在它的脚边种植着色彩斑斓的灌木。在园艺大师 Piet Oudolf 推荐的国际性草种植物园里,有大片的林荫和儿童乐园。特别精彩的是北威州最大的蝴蝶屋,里面有来自热带地区的可以自由飞翔的蝴蝶。前面提过的北极星公园在经历 1997 年的国家园艺博览会之后,也完成了由矿区到风景公园的变革,包括儿童世界、攀登主题公园、观光铁路、餐饮酒店、"山羊米歇尔"绿色种植园,成为颇受公众喜爱的游览目的地。一直保持原有风格的游览隧道和今天作为写字楼使用的历史性古建筑,见证了这片矿区的历史。

2.2.2　总结和启示

传统工业区的复兴需要资金保障及政策支持,尤其离不开功能性动力。德国鲁尔区在后工业化浪潮中,推出了工业遗产更新改造的系统安排,以对工业遗产进行点、线和面的系统分析为支撑,各种再生方式紧密匹配,特别是全面挖掘了工业遗产改造的公共功能,体现在文化、艺术、科普、休闲、旅游、商业、生态等七个维度。而且这些公共功能是相互融合、相互促进的,这里解读的大批鲁尔区工业遗产改造案例也可以被理解为多重公共功能的集成展现。针对工业遗产的孤立开发难以推动整个区域的再生,因此需要在一个更大的平台上开展综合权衡和整体考虑。特别是要科学、全面地设计工业遗产改造项目的功能构成,通过多种公共功能的集成来聚拢人气,在追溯往昔的同时服务于现代需求。

相对来讲,河北省的工业遗产改造项目大多缺少整体意识,再利用方式趋同,核心价值体现不足,存在仅仅作为初级平台的情况,对社会公众吸引力不足。实际上,只有以公共功能为依托,能够满足周边居民及外地游客现实诉求的工业遗产改造项目才是有生命力的。工业遗产项目的功能性是整个改造计划的关键点,但也是以往的忽略点。今后河北省工业遗产的再生设计应该充分借鉴鲁尔区的经验做法,针对公众的实际需求来对其公共功能进行多维度的全面开发,使其再度融入公众生活,推进改造项目的持续发展。

2.3　德国鲁尔区提高工业遗产再生项目公众参与性的经验

鲁尔区曾是以传统重化工业为主的大型工业区,在一度衰落后经过改造复兴,已经转型为全新概念的现代城区。工业遗产改造是鲁尔区转型的重要内容,特别是在改造项目的公众参与性方面成为世界典范。埃森、杜伊斯堡等鲁尔区的城市都在引导公众融入改造项目方面进行了成功实践,可以为我国的相关规划设计和活动开展提供参考借鉴。在鲁尔区,改造后的工业遗产项目不但传承了宝贵的近代工业文明,而且聚合了现代都市生活的综合功能,再次走向了公众的日常生活。作为世界范围内工业遗产改造的范例,德国鲁尔区的工业遗产改造为其他国家提供了丰富的实践经验,尤其能在公众参与方面提供充足例证。

2.3.1 鲁尔区工业遗产再生项目的公众参与实例

德国鲁尔区工业遗产的再开发强调了景观的整体性和功能的多样性,区域内主要城市具有特色的、侧重点不同的改造定位,同时伴有相应的公众参与方式,具体见表2-1。这些众多的工业遗产改造项目被包装成统一的工业旅游路线,统一的鲜黄色对外标识扩大了影响力,涵盖全部改造项目的环形路线大约400千米长。鲁尔区为游客颁发的"发现者护照"适用于整个"工业文化之旅",当游客参观完一个工业遗产项目后,可以在"发现者护照"上面盖章。每个参观地点都配有盖章人员,能够按照要求收集15个以上印章,就可以带着"发现者护照"去旅游中心免费获得印花背包。这种安排可以引导游客全程体验鲁尔区的工业遗产改造项目,并广泛参与各种互动计划。鲁尔区用地域特色浓厚的历史和文化性极高的展品,更用丰富多彩的亲身参与活动吸引着游客。

表 2 - 1   主要城市的改造定位与公众参与方式

城市	改造定位	公众主要参与方式
埃森	文化遗产区	展览、专题活动
杜伊斯堡	休闲娱乐区	运动健身
奥伯豪森	工业娱乐区	庆典、购物
波鸿	节庆中心区	学徒、游行
多特蒙德	高新科技区	文化体验
杜塞尔多夫	音乐及新媒体区	爵士音乐节

1. 埃森

跟随着熟悉工业历史的导游,公众可以通过位于埃森的关税同盟改造项目细致了解充满着工业文明的历史古迹。在这里,工业和建筑的历史将真实地展现在游客面前,煤炭和人类生活的关系也将会被追根溯源。游客能沉浸在这片生机勃勃的历史中,了解工业先锋。在红点(Red Dot)设计博物馆里,陈列着获得这一世界设计大奖的展品。来自世界各地大约2 000件产品在超过4 000平方米的场地里展出,如图2-19。坐落于A区的众多艺术家工作室都有让游客参与互动的体验项目,可以将带有关税同盟关联的艺术品携带回家。位于关税同盟矿区的鲁尔博物馆展示着区域性的自然和文化历史。在展厅的三层,展示着这个区域的神话和奇迹、工业化之前的传统、工业化进程中的漫长历史，同样还有未来的远景。这里还会不定期地举办专题活动，比如 2015 年的大型活动"即将成为鲁尔区"及历史藏品展示等。

2. 杜伊斯堡

北杜伊斯堡风景公园以曾经的钢铁厂为中心，在 180 公顷的土地上，有着各式各样吸引人的活动，例如在矿石坑道里的攀登主题公园，在废旧的煤气罐里潜水等，游客也可以攀登高炉或者跟随导游参加不同的活动，孩子们可以在改造后的洗煤装置中玩封闭旋转滑梯。每当夜幕降临的时候，便会开始引人入胜的冶炼厂灯光表演。自 2014 年开始，游客可以参观以前一直关闭的 5 号高炉和炉渣清理装置。在不远的魔幻山上有名为"老虎与龟"的巨型不锈钢摩天轮雕塑供游客攀爬体验，成为吸引游客停留的最新手段，如图 2 - 20。

图 2 - 19　德国埃森的红点设计博物馆
资料来源:作者拍摄

图 2 - 20　德国杜伊斯堡的
"老虎与龟"摩天轮
资料来源:作者拍摄

3. 奥伯豪森

奥伯豪森有超过 200 家专业购物店，为当地居民及游客提供丰富的购物机会，特别是在极富传统色彩的由维斯特皇宫改造成的现代化购物中心，这里每年的 5 月 1 日至 6 月中旬都举办有着革新、改革意味的鲁尔区庆典，游客可以在庆典大厅享受纯粹的文化盛宴。

4. 波鸿

德国国家矿山博物馆选址在波鸿，游客通过矿井升降篮可以登上井架，观赏鲁尔区的风景。这个博物馆是 1930 年工业建筑学建筑师弗里茨·舒普设计建造的。今天它为来自世界各地的不同行业、不同部门的人们提供举行矿业历史聚会的场所。在这里特别吸引人的就是通过大约 2.5 千米长的交通网来观察整个博物馆下方的矿井。自 2014 年开始,游客可以乘坐升降运送模拟机来切身体验当年矿工们乘坐矿井升降篮下井的感觉。这里还能提供精彩的文化体验活动,包括艺术展览、节日狂欢、舞会和音乐会。孩子们还可以参加每周组织的假日活动,身着矿工制服深入工作场地进行实际体验。曾经的矿工会带领游客体验矿井的生活。

自 1998 年开始,为了保护矿工们的传统节日,在纪念神圣芭芭拉(12 月 4 日)之后的第一个周五,每年都会举行波鸿学徒日。来自不同俱乐部的大约 600 名学徒都会到此博物馆。在博物馆前的欧洲广场有每年一次的游行,人们穿着传统的圣诞服饰穿过波鸿内城。在教区教堂,游客和当地居民一起做礼拜,一起唱歌、祈祷,然后游行队伍返回德国波鸿矿山博物馆。

5. 多特蒙德

多特蒙德在煤、铁、酿酒等支柱产业的发展危机中感受到转型的必要,在对多特蒙德大学的扶持中,注重医药、信息等方面专业的重点设置,在大学一侧建立了多特蒙德技术中心和科技园区,旨在打造欧洲一流的创新技术中心,使城市顺利转型。多特蒙德还积极发展旅游业,著名的足球俱乐部"黄蜂队"吸引了大批球迷到访,如图 2 – 21。在球场附近的体育场也承接各种活动,如被全球青年人喜爱的"The Color Run"活动,吸引德国附近区域众多青年人积极参与,从新的视角感知多特蒙德的变化与活力,如图 2 – 22。

图 2 – 21　多特蒙德的足球俱乐部
资料来源:作者拍摄

图 2 – 22　多特蒙德举办的
"The Color Run"活动
资料来源:作者拍摄

6. 杜塞尔多夫

被莱茵河贯穿而过的杜赛尔多夫是北威州的首府,曾经繁忙的港口由于鲁尔区的衰退而逐渐淡出人们的视线。在工业遗产改造过程中,杜赛尔多夫将荒废的码头区打造为高新科技特色的"媒体港"。除了大量新媒体科技公司入驻外,更是邀请国际著名建筑师云集此处,倾力打造新时代建筑。如弗兰克·盖里设计的地标型建筑就矗立在河岸,成为杜塞尔多夫最具时尚的办公区和餐饮区,如图 2-23。在莱茵河畔,原有的港口门机和输送轨道演变为休闲娱乐区域的雕塑,和许多带有旧码头特色的巨大金属构件一起成为驳岸公园的特色景观。每年夏季在莱茵河畔都会举行来自 20 多个国家的音乐家参加的爵士音乐节,拥有 30 多处演出场所和 80 多场演唱会的爵士乐大会演将成为来自世界各地客人的饕餮盛宴。

图 2-23 弗兰克·盖里在杜塞尔多夫老港口
设计的建筑

资料来源:作者拍摄

2.3.2 总结和启示

由鲁尔区主要城市工业遗产改造项目的公众参与实践可见,一个成功的工业遗产改造项目必须能做到与所处城区顺畅融合,能做到与公众生活和谐共生,能做到与多样化的自然环境匹配契合。

近些年,工业遗产再生在河北省传统工业城市大规模展开,一批具有光荣历史和业绩的工业遗产被改造再生为各种新型空间。纵观这些改造项目,大多满足方向正确、理念科学的要求,但一个共同的弱点便是公众参与度不高,与德国鲁尔区的类似项目差距较大。在河北省已经建成的很多工业遗产再生项目中,公众的参与氛围大都不够浓厚,很多项目只是滞留在视觉感受和工业元素的展示层面,模仿成分较多,没能针对公众诉求和游客心理展开深入剖析,缺少持续性的功能吸引力。很多游客仅仅怀着猎奇心理参观,基本属于一次性消费,后续能力不足。

要提高广大公众的参与性,工业遗产改造项目就不能停留在造景的低级阶段,而是要注入更多的人文资源,寻觅和发掘更多的体验机会,提升趣味性和互动性,将改造项目打造成当地居民能够日常参与、外地游客愿意多次到访的有公众吸引力的目的地。河北省工业遗产再生设计应科学吸纳鲁尔区的有效做法,注意改造项目的公共服务作用,在设计环节注重公益、亲民、共享的功能,在运营阶段激发广大公众的认同感和参与性,从而使曾经衰落的工业遗产再度融入所在城市的主流视域。

2.4   低碳生态导向的德国工业遗产再生经验

德国作为工业发展的领先国家,较早地面临和解决了工业遗产保护和改造的问题,已经取得的一大批案例为其他国家和地区提供了可靠依据。鲁尔区这个曾经衰落的大型工业区历经几十年的改造振兴,成功转型为新概念的现代空间。在德国的相关实践中,工业遗产的适应性改造尤其强调了低碳和生态概念:一方面,避免大量拆除旧工业建筑对环境的污染,节约新建筑建设过程中的资源消耗,在保留旧建筑结构的前提下通过改造满足新的功能需求;另一方面,在对工业遗产进行适应性改造的过程中系统应用低碳生态技术,实现节能减排。德国在工业遗产改造中凸显的低碳生态导向,已在世界范围内成为样板,这是各国在工业遗产处理中都需遵循的要义。这里旨在对德国在工业遗产适应性改造中的低碳生态理念、技术和成就做出梳理,并总结其对中国的启示。

2.4.1   德国工业遗产适应性再生的低碳生态导向:机理与案例

1. 基本机理

人类的各式建筑消耗了大量从自然界提取的物质材料,只有尽量延长建筑的使用年限,才能减少建筑在整个生命周期排放的温室气体。彻底清除陈旧工厂肯定要投入昂贵的花费,而且还要具备专门的技术设备才能完成。适应性再生不仅相对于新建设施节省费用,亦能省去高额拆迁费用,节省物质资源及能源,减少碳排放量,这正是工业遗产生态价值的体现。利益相关方应该评估工业建筑在其全寿命周期中的综合环境性能,以及在全寿命周期内如何控制投入水平并维持建筑的价值。

大量工业遗产在城市中处于比较中心的地理位置,开阔的建筑容量和特色的生产流程都为更新再生提供了理想载体。老厂区往往体量足、面积大,各个单体工业建筑之间具有灵活性,可以为统一布置留有充分的设计余地。以厂房和仓库为代表的工业建筑大都具有大开间、大跨度的基本结构,适合做建筑空间和功能组团的再布局,从而容纳灵活多样的新型活动。特别是工业建筑的重量载荷标准高,能够达到民用建筑的标准,所以面对存量众多的工业遗产,德国的"除锈"行动不是拆除,而是将老厂区保存下来,并大规模展开了针对新的功能定位的适应性改造。就单体建筑功能定位来看,德国对工业遗产的适应性改造包括博物馆、办公空间、配套设施、公共艺术作品等。

2. 代表性案例

从低碳生态的视角观察,就算是设计非常出色的新建项目,也不如针对既有建筑进行再生改造。20 世纪 90 年代,德国国际建筑展委员会(EMA)建设了埃姆舍公园,这是在鲁尔区的核心部分展开的一项大型、长期的工业遗产再生行动,并迅速塑造为工业遗产再生的全球标杆。埃姆舍公园的再生设计是按照低碳生态标准进行的,此类标准旨在对传统工业区进行保护、修缮和再生。作为代表性成果,位于鲁尔区埃森市的关税同盟煤炭建筑群被联合国教科文组织批准为世界遗产。

埃森关税同盟煤矿Ⅻ号矿井是德国重化工业的历史印记,曾是全球最先进的煤炭采运系统。设计师弗里茨·舒普及马丁·克莱默为这里构造了独具特色的煤炭建筑群,使它无愧于"最美矿区"的赞誉。该矿井在长达 135 年的时间中,连续生产了大量煤炭,于 1986 年停产,随后组建的关税同盟基金会(Stiftung Zollverein)开始对该煤炭建筑群进行修缮和适应性改造。

包豪斯建筑风格是该矿区跻身世界近代工业建筑典范的主要支撑。埃森关税同盟煤矿Ⅻ号矿井的厂房被改用于创意企业办公空间,图 2-24 是由原来的车间改造的艺术家工作室。原涡轮压缩机房改建为 CASINO 饭店,炼焦厂的设备用房被开发成特色饭店。图 2-25 中的右侧区域是原来的洗煤区控制室改造的酒馆,图 2-26 是其内景,可见故有的建筑结构并未改变,钢材等得到了再利用,冷却塔去掉外层围护,同时留有原来的钢结构框架,成为富有意趣的公共艺术品。当下,这里已成为一座反映煤炭工业发展历程及煤炭建筑演进的有活力的博物馆。令人无法抗拒的并非只有矿区本身的设计,位于矿的红点设计博物馆内有全球领先的当代设计展,也从属于该项世界遗产,一年一度都会在此地给卓越的工业设计颁发红点大奖。经典的工业建筑历经百年沧桑,在完成了矿产采掘的历史使命后,正在通过适应性改造展现其生态意义。

图2-24 由"关税同盟"车间改造的艺术家工作室
资料来源:作者拍摄

图2-25 洗煤区控制室改造的酒馆
资料来源:作者拍摄

图2-26 改造后的酒馆内景
资料来源:作者拍摄

2.4.2 低碳生态导向的德国工业遗产再生技术:体系与实践

低碳生态导向的再生主要表现为对工业遗产的保护和再生技术的专门考虑。旧有工业遗产再生本身就保存了自身蕴含的物质和能源,去除了由全面清场带来的消耗和污染,随后在面向新的功能需求的适应性改造过程中,还需要系统引入多种设计和技术手段,减少改造投入,压缩运行消耗。

1.技术体系集成

随着低碳生态技术的迅速进步,可用于建筑领域的技术手段日渐增加,因此用于工业遗产适应性改造的低碳生态技术需要成体系地集成应用,具体包括形成完整的、可个性化选用的技术工具包,如图2-27。

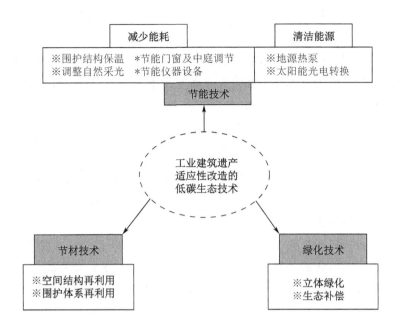

图 2 - 27　工业遗产适应性改造的低碳生态技术体系

（1）节能

建筑节能技术分为两个不同方向，一是直接降低能源消耗水平，二是开拓清洁能源的利用。对于工业遗产再生技术，可以降低能耗的措施主要包括加强建筑围护结构保温、更换节能门窗、利用中庭调节微气候、根据季节和天气可灵活调节的遮阳措施、科学的自然通风减少空调耗电、依靠自然采光减少人工照明、墙体蓄热测定等低能耗智能控制技术。在开拓清洁能源方面，工业遗产改造应尽量充分利用地源热泵、太阳能光热技术，在主体建筑屋顶及中庭的玻璃屋顶安装光伏发电设施。依照"适应性改造"的标准，运用节能技术时不能改变工业遗产的固有结构、外立面和细节装饰，以补偿式、被动式技术为主。

（2）节材

对于工业遗产再生而言，最主要的节材方法为继续利用，利用改造空间，减少建筑垃圾生成，避免造成二次污染。特别是工业建筑遗产形态巨大，可使用期限一般比较长，因此只要是主体结构安全，应努力保留原有建筑结构和空间格局，做到物尽其用，且保证原真性。其他建筑材料的再利用方式包括：直接利用，即根据规划设计需要，对有保留价值的材料进行维护和修缮，老化破损的建材可用于外部铺装，降低对新材料的需求；对废料加工再利用，如砖或石头研磨之后用作混凝土原材料,钢材熔化后用来铸造雕塑等公共艺术设施。

(3)绿化

废弃厂区内留存的绿化植被是改善土地质量和修复生态环境的有效资源,特别是生长期较长的乔木在生态价值方面尤为重要。在改造过程中,应该保留或移栽原场地内的绿化植被以净化空气,利用植物来消除厂区土壤中的污染物等。在绿化设计方面,应尽量依托厂区原有的绿化资源并加以调整,尽量选择低成本且与项目环境相匹配的绿化方案。在空间狭小、无明显开阔地的工业遗产再生项目中,可推行多种立体绿化方式,同时还可以达到保温隔热、节省土地等目的,这些立体化布置的植被可以有效吸附二氧化碳和浮尘。

2. 德国的项目实践

工业遗产适应性改造中低碳生态技术的综合运用可以为业主提高效益,为使用者提供舒适的环境。在德国,对技术创新的追求是工业遗产再生的重要支撑。前述的技术体系在德国工业遗产的改造实践中得到了广泛应用并取得了显著效果。

(1)蒙塞尼斯培训中心

著名煤矿蒙塞尼斯位于德国鲁尔区的赫尔纳,其更新改造的契机是北威州将州继续教育中心迁移至此。这个具有复合功能的再生建筑完成后,处于玻璃壳体之内的组合建筑成为重要地标。这个拥有微气候功能的壳体能够建立和模拟真实气候的局部空间,得到类似室外的效果(阳光、自然风、植物等),同时还能创造出遮挡雨雪、更舒适的温湿度、灵活的风速调节等比室外环境更佳的实际感受。在被称为"地中海气候"的环境中,该建筑的使用者能有较多时间待在"室外"。在这个工业遗产项目中,主要运用了旨在节能和调节局部气候环境的技术手段,创造出了"仿自然"的生态环境。

(2)北杜伊斯堡公园

在由 A. G. Tyssen 钢铁公司改造而来的北杜伊斯堡公园,以前的原状基本被承袭下来,工业建筑、机械设备及相关的运输仓储设施得到整体保留,如图2 - 28。在适应性改造的过程中,废弃物通过巧妙处理,显示出特有的工业美感,亦能担当新的功用,如图2 - 29 和图2 - 30。原来堆积的熔渣作为植物培养的介质和道路施工材料,红砖被收集起来砌建露天剧场和制作混凝土,遗留的铁板用于一些开阔公共空间的铺装。一些铁锈斑斑的工业零件被处理成雕塑或景观小品,将工业历史元素作为艺术灵感,运用鲜明色彩来强化工业特色,把衰败的工业遗址改造为靓丽空间。该项目用生态技术修复了工业遗产,尤其强调利用废弃物重塑工业景观,节材效果明显,设计亮点颇多,体现了艺术与生态的双重特质。

图2-28　北杜伊斯堡公园内保留的井架

资料来源:作者拍摄

图2-29　巧妙设计的不锈钢滑梯是
公园的"明星"

资料来源:作者拍摄

图2-30　改造后的拓展训练场地

资料来源:作者拍摄

(3)联邦环境局办公楼

德国联邦环境局(简称FEA)办公楼所在区域在1855—1991年间是一个煤气生产区,遗留下很多不同程度损毁的陈旧工业建筑。FEA办公楼既有新建成分,也对部分遗留的工业建筑进行了再开发。例如一家小工厂的遗址被改造为图书馆,另一家小工厂的部分结构成为咖啡厅外墙,具有纪念价值的火车站也被再生为FEA办公楼的一部分。FEA办公楼在改造中提倡低技术途径,尽量借助自然力量。具体措施包括:最小化建筑表面热损失,强化密封程度,注重保温;利用工业建筑空间高大开敞的特点安装有利于通风的门窗构件,强化室内自然通风效果等。该项目将新建与适应性改造恰当融合,避免了全部拆除的浪费与污染,并且突出了各种成熟的节能措施在建筑改造中的实际应用。

(4)AEG 公司主库房

在德国 AEG 公司主库房的改造中,建筑屋顶安装了太阳能发电和集热装置,将太阳能板和新的屋面造型巧妙结合,利用大楼的长度优势尽量吸纳光照,为库房大楼供应了约21%的热水热量。在进深较大的厂房内设计了中庭,可以进行自然采光及通风;对建筑外立面的砖墙进行清洗和修补后,刷涂了一层透明防水的护墙膏,可提高墙面的保温性;在建筑外墙布置了墙面绿化,以解决由于地面空间紧张而存在的问题;通过雨水收集和中水处理设施推动水资源再利用。AEG 公司主库房的改造对低碳生态技术的应用较为全面,涵盖节能、节材、绿化三大领域,其中重点实践了节能技术,从减少能耗和清洁能源两个途径全面推进。

2.4.3　德国工业遗产适应性再生的启示

工业遗产改造源于工业形态和地理布局的变迁。对遗存下来的经典工业建筑进行适应性改造,赋予其新的生命力,表达了工业建筑的历史可识别性和现实意义。然而,我国很多工业遗产改造项目没能注重提升建筑的生态性能,所运用的技术手段也较粗放。在工业遗产适应性改造方面,德国的实践把低碳生态原则放置到了优先地位,既有先进的理念,又取得了丰富的技术经验,非常值得总结借鉴,主要体现出以下要义。

1. 生态优先

提高工业遗产物质资源利用的生态效率,可以使其作为城市组团更好地融入自然大系统。本身就蕴含丰富历史信息、拥有坚实物质形态的工业遗产,如能在适应性改造中与原有的建筑结构相协调,并因地制宜地选择再利用的建筑材料,这就是在体现人与环境有机共生的低碳生态理念。如果在工业遗产的大规模再生计划中缺失了生态标准,则再生计划的意义将大打折扣。要适应低碳生态的要求,工业遗产再生设计就需要全面考量和实施,从而减轻建筑改造对该城市产生的生态压力。

2. 适度开发

工业遗产改造中的一项核心任务是平衡保留与开发的关系。保留本身就相当于是在节约资源能源和减少污染排放,但保留过多必然制约开发;反过来看,过度开发也会影响保留部分的效果。因而,怎样做到在满足新开发功能、注入新空间元素的同时,不干扰建筑的固有价值,是工业遗产实现低碳生态改造的难点。德国的成功之处在于足量留存工业遗产的重要元素并进行适应性改造,审慎地适度开发、合理利用。对于工业遗产的改造,特别注意维护其完整性,尽量保留原有的工业设施和装备,尊重和延续该区域原有的城市肌理和历史文脉,新建筑物的导入和景观线的安排尽量谋求与原有风格的协调统一。

3. 多元保障

德国在工业遗产的适应性改造中,已经形成了稳定的、多元的策略保障体系,包括保护、补偿和统筹三个方面。首先是保护策略,即在工业遗产再生中尽量谋求延长建筑使用期限,尽量避免造成破坏,主要通过结构加固、建筑修复等技术来实现。其次是补偿策略,工业遗产在适应性改造中对低碳生态目标的追求并不是依赖高成本的主动性技术来达到,而是采用以被动式技术为主的补偿策略,在不改变建筑原有的主体技术结构的情况下实现节能、节材等效果。最后是统筹策略,寻求与原有建筑相匹配的空间使用方式,发掘工业遗产的空间潜力并赋予新的功能,处理利益相关方的各种复杂需求与有限预算之间的矛盾,甚至可以在区域层面实现项目群体的整体适应性改造。

2.4.4 结语

工业遗产不是被封存起来的古董,而是应当依据低碳生态的建筑理念和技术,将其打造为可持续发展的新生命体。对工业遗产在留存的基础上进行低碳生态导向的适应性改造,不仅对国家的可持续发展具有意义,还可助力应对世界气候变化。《德国可持续建筑评价标准》兼顾经济、社会和环境目标,需要包括旧工业建筑改造在内的各类项目共同遵守。德国的相关案例不仅为我国提供了低碳生态设计理念和经验,也导入了工业遗产再利用的整个价值体系,即通过工业遗产的适应性改造、空间环境品质的改善、景观生态恢复等综合措施,实现保存工业记忆、延续城市文脉、提高经济活力等多重目标,其成功实践为全世界提供了参考范本。

第 3 章　河北省工业遗产再生现状

工业遗产是各地工业文明和发展历程的标注,能够涵盖文化价值、经济价值和艺术价值。河北省留存了大量的老厂房、老设备、老矿井、老车站等工业遗产。依循时序脉络序列考察工业遗产再生在各时段的效果变迁,按空间维度选取石家庄、唐山、秦皇岛三市为主样本,从而横纵结合,形成宏观上全方位、微观上差异化的研究矩阵。本章解析了河北省具有典型性的工业遗产再生项目的实际状态,并随之提出可进一步优化设计的方向。

3.1　河北省工业遗产概览

3.1.1　河北省工业遗产的整体分布格局

鉴于河北省工业遗产改造项目地域分布广泛、实施进度不同,为准确评价和衡量改造项目的景观效果,对工业遗产项目从时间和空间维度进行探究。河北省工业遗产地域分布广泛,投入使用的年限不同,各类再生改造项目的设计理念不同、进展差异较大,这就要求研究工作要充分考量各地特色环境,把握好个性与共性的处理。

近年来,国家有关部门相继进行了多轮次的工业遗产普查和保护名录的制定,这些名录中涉及河北省的项目内容虽不完全相同,但也大都涵盖了一些重点工业遗产项目。这些项目中,有的已经进行了大规模的再生改造,并处在不断优化升级的过程中,但是有的项目则基本处于自然存放状态,既缺乏有效的保护,又缺乏适用性的再生改造,今后还需要在这个领域和方向上投入更多的关注。

2017 年 11 月,国家旅游局公示了 10 个国家工业遗产旅游基地,其中包括河北省唐山市开滦国家矿山公园。2018 年 1 月,中国科协调研宣传部发布了《中国工业遗产保护名录(第一批)》,共 100 个项目,里面有河北省的 8 个项目,分别为开滦煤矿、唐山铁路遗址、京张铁路、滦河铁桥、启新水泥公司、耀华玻璃厂、唐胥铁路修理厂和唐山磁厂。这批名录覆盖了各个产业类别,代表性较强。2019 年 4 月,中国科协创新战略研究院和中国城市规划学会发布了《中国工业遗产保护名录(第二批)》,其中河北省 10 个项目入选。2018 年 11 月,工业和信息化部公示了《第二批国家工业遗产拟认定名单》,在 42 个项目里有河北省的 6 个项目。

2018 年 5 月,由河北省工业文化协会、石家庄市井陉矿区政府联合主办的河北省第一届工业遗产保护与利用工作研讨会在井陉矿区召开,研讨会以"工业遗产保护与合理利用"和"如何做好工业遗产认定申报"为主题。2019 年 5 月,召开了河北省第二届工业遗产保护与利用工作研讨会。根据会议消息,作为我国近代工业重要源头的河北省分布着 56 处工业遗产,包括 4 处国家级、7 处省级文物保护单位。河北省工业遗产的门类多样,包括煤炭、钢铁、化工、港口等,时间承续突出、本地特色明显。目前,河北省累计建设工业博物馆 40 个,包括水泥、玻璃等门类。

3.1.2　河北省工业遗产的部分重点项目

近年来,河北省比较注重对工业遗产的维护和更新,努力推动工业遗产的再生工作。保定市、邯郸市都有了工业遗产保护及再开发领域的地方法规。保定市制定了《工业遗产保护与利用条例》,对这些珍贵的工业遗产具有重要意义,该条例 2018 年 7 月 1 日起实施。保定市在工业遗产的利用方式上更加灵活多样,建设了文创园区、主题公园等。河北省工业遗产资源最为密集的石家庄、唐山、秦皇岛三市将在随后的章节中专门论述,这里仅对保定和张家口两市的工业遗产项目各选一例做些说明。

位于保定的"新中国面粉厂",前身是建于 1919 年的乾义面粉公司。这家工厂开始是由湖北督军王占元等人组建,占地面积 39 亩(1 亩≈667 平方米),建筑面积 1.1 万多平方米,1921 年开始生产,是那时保定市最大的民族工业企业,耸立在府河旁边的厂房是当时保定市的地标。中华人民共和国成立后,该厂被政府接收改名叫"新中国面粉厂"。该厂建筑群较为宏大,包括一栋五层的制粉楼、四个仓库和一栋营业楼,墙壁仍留有"乾义面粉公司"的字样。1993 年 2 月,乾义面粉公司成为保定市的文物保护单位。

2009 年,在保定市"三年大变样"的重点工程中,保定市规划部门多次完善府河片区的设计方案,广泛征求市民、专家等各方意见,最终确定将包括"新中国面粉厂"厂区在内的一批老建筑列入保留范围,对该厂进行保护并改建为绿地游园的一部分。目前，该厂区基本被新建楼房包围，墙体的砖块斑驳、门窗破败，但是这些老物件仍然带给人真实的记忆。因此，这个项目需要尽快推进再生改造，在合理保护的基础上展开科学定位的适应性开发，多样化拓展其包括艺术、科普、商业等在内的公共功能，以更好地宣传和传承保定市的工业文明。

京张铁路从北京市经八达岭、居庸关、沙城、宣化等地至张家口，1905 年动工，1909 年完工。当时清政府不顾英俄殖民主义国家的阻挠，任命詹天佑为京张铁路局总工程师，这条铁路是我国第一条完全自主设计、建设并运营的铁路，在国内最早使用"人字形"展线，打破了外国对中国铁路修建、运营的垄断。目前京张铁路的代表性遗产有人字形铁路、青龙桥站、南口机车库等。

3.2　石家庄市工业遗产再生现状

3.2.1　总体情况

目前，由于城市空间的再布局及产业结构升级，传统工业掀起大规模的转型浪潮。虽然很多传统工业已经停运关闭，但这些老厂区仍然是所在城市永远的记忆，承载着很多人的"乡愁"。工业遗产是城市发展史的印痕，能够铭记历史和彰显工业化精神。

石家庄是近代形成的工业城市，大批工厂是石家庄城市发展的经济基础，例如井陉煤矿、大兴纱厂、华北制药厂、正太饭店等。2018 年 11 月，石家庄城乡规划局公布第一批历史建筑保护名录，包括解放纪念碑、老火车站、京汉铁路售票厅旧址、华北制药厂储粮塔、棉二办公楼、石家庄铁道大学开元楼、燕春饭店、长安公园三亭桥、长安公园工农兵雕塑、张营梁氏 1-2 宅院、河北装潢机械厂，其中很多属于工业遗产类别，但是目前在针对性保护及多功能再生开发方面还没有形成从点到面的推进态势，工业遗产再生改造的空间非常大。

在城市更新进程中，工业遗产并不单单是城市历史的普通一部分，也不能被封闭掩盖，需要注入新的理念，让其展现出新的活力。虽然已有食草堂艺术小镇等成功案例，但石家庄市的工业遗产再生设计仍然需要加大工作力度，改变在该领域相对滞后的状况，这既是城市更新的重要构件，也能展示出城市的根脉和自信心。在实践操作中，应注意各类工业遗产资源的整合，凸显城市工业遗产的特色。

3.2.2 代表性项目

1. 井陉煤矿

井陉煤矿开采历史悠久,是我国最早兴建的近代煤矿之一。1908 年 8 月,清政府准许中德合办井陉煤矿,名称确定为"井陉矿务局"并沿用至 2008 年。"先有井陉矿,后有石家庄",井陉煤矿系石家庄工业文明摇篮,工业遗产体量巨大,结构精妙,工艺精细,如图 3-1。

图 3-1 井陉煤矿老井架

资料来源:今日河北网

目前的主要遗存包括段家楼群的井陉煤矿总办大楼(西大楼)、服务娱乐楼、总工程师楼、公子楼等德式风格建筑和正丰矿 1 号井、老井架、汽绞车房、电绞车房、电厂机组车间、大烟囱、地道及北斜井巷道、皇冠水塔、凤山车站。

2. 京汉铁路

京汉铁路 1898 年开建,1906 年竣工通车,线路经过北京、河北、河南、湖北。这条我国南北交通的大动脉打破了长期依靠水道和驿道的交通体系,刺激了沿线经济发展。其中位于河北省的主要遗存包括石家庄车辆厂前街 13 号、法式别墅 3-4 栋、原石家庄车辆厂法式建筑等。石家庄是"火车拉来的城市",随后才得以相应发展城市经济。

3. 正太铁路及正太饭店

正太铁路于 1904 年建成,线路经过河北、山西两省。其中位于河北省境内的代表性遗产包括正太铁路竣工通车碑、路章碑、懋华亭(路权收回纪念亭)、石家庄大石桥等。正太铁路是首条横穿太行山的铁路,也是中华人民共和国首条双线电气化铁路,大石桥是石家庄市的首个跨线桥。

正太饭店与正太铁路同年建成,曾是石家庄市首屈一指的高级饭店,民国时期曾接待过多位军政大员。正太饭店是石家庄市现有最早的法式小洋楼,是正太铁路的附属设施。正太饭店虽然被列入了省级文物保护单位,但目前的状态却很不乐观,外观看起来破败不堪、异常沧桑,急需进行抢救性、系统性的整修维护,并研究实施适度的再利用。

4. 华北制药厂

位于石家庄市的华北制药厂始建于 1953 年,属于苏联援建的重点工业建设项目,是我国首个大型抗生素生产企业,终结了青霉素、链霉素依靠进口的状况。华北制药厂现在的主要工业遗产是办公楼和淀粉塔,办公楼是石家庄市区内规模最大、保存最完好的俄式建筑,如图 3 - 2;淀粉塔曾是石家庄市的最高建筑(76 米),是国内首次利用升模法建设的建筑。

图 3 - 2　华北制药厂办公楼

资料来源:搜狐焦点

3.3　唐山市工业遗产再生现状

在传统工业城市的战略转型中,旧厂区的改造更新使城市中环境恶劣、日渐衰败的工业地段得以复苏,产生新的综合价值。唐山作为河北省工业遗产的主要集聚中心,近年来在再生改造方面已经取得明显进展,设计出开滦国家矿山公园、启新 1889 等重点项目并已投入运行,可通过评估来总结经验、发掘规律并识别问题,为国内的同类再生项目提供范例。下一阶段的优化策略还需要清晰的、可操作性强的方案设计,需要开展应用研究为决策提供参考。本节以唐山市在工业遗产再生方面的基础、成果和问题作为关注内容,整理主要改造项目的运行情况,分析项目定位的科学性,找寻影响项目绩效的瓶颈因素,在城市更新的框架下提出优化指向。

3.3.1 唐山市工业遗产赋存及分布状态

唐山市是中国近代工业的摇篮,在洋务运动中相继诞生了中国大陆第一座机械化采煤矿井、第一条标准轨距铁路、第一台蒸汽机车、第一桶机制水泥、第一件卫生陶瓷。然而,一百多年来的高强度工矿业活动使得城市环境遭到了严重损坏。目前,唐山市正面临着资源环境约束加剧、传统产业产能缩减的巨大压力,资源型城市转型被迫加速。在培育接替产业的主导任务下,唐山城市环境形象的重构也是转型的重要部分。

由于吸收了当时国外先进建造经验及新材料、新技术,这些工厂、仓库、车站等建筑往往采用砖石结构、钢筋混凝土结构或钢结构,至今大多保存完好。河北省的这些近代工业遗产拥有丰富的形态类型,各个历史时期的建筑具有包容性和多样性,在功能再开发方面拥有广阔的空间。

作为我国早期工业的发展聚集区,河北省唐山市近代工业遗产非常丰富,称得上"数量多、门类全、价值高",涉及煤炭、钢铁、水泥、陶瓷等主要领域,涵盖英、俄、德、日等多国建筑风格。近些年来,随着现代产业体系构建和整个城市的战略转型,这些曾经发挥过重要作用的工矿企业纷纷搬迁改造,甚至破产重组。于是在唐山市内生成了大量工业遗产,要么拆迁废弃,要么重新开发。

从目前来看,唐山市的近代工业遗产涵盖了主要的传统产业门类,由于产业布局的历史而呈现出片区分布格局。比如开滦集团作为历史悠久的大型企业,在中国近代工业发展中留下了珍贵的工业遗产。随着煤炭生产方式变革和矿产资源的枯竭,越来越多的老矿井被废弃停用。当前,针对这些空间和建筑正在大力推进再开发,将具有典型工业影响的矿山遗迹改造为开滦国家矿山公园。唐山市东南方向曾经拥有大量近代工业企业,在地震后大多搬迁至中心城区北部的丰润区,代表性企业是现在隶属于中车集团的唐山轨道车辆公司,而原址的工业遗产及相关的铁路文化急需发掘整合。始建于1889年的启新水泥厂也早已搬迁重建,原址正被改建为中国水泥工业博物馆及启新文化创意产业园,现在已经取得了阶段性进展。陶瓷企业在唐山的聚集地是缸窑路附近,但由于多数企业经济效益较差,因此整个工业片区需要改造升级。在采煤塌陷区建立的南湖公园内,初步建成了河北省文化创意产业园总部基地,旨在打造陶瓷文化创意、艺术创作展示、工业设计研发"三大中心",集中展示唐山一百多年的近代工业文明。但在唐山市现有的再开发实践中,过于强调工业遗产的公益性,使得改造后的博物馆、创意产业集聚区处于运营困境。

3.3.2　主要的工业遗产项目

1. 开滦煤矿

始建于1878年的开滦煤矿是我国近代第一家大型机械化煤矿。目前开滦煤矿的主要工业遗存包括唐山矿一二三号井及附属巷道与绞车房,近代煤矿最早的火力发电机组,唐山矿达道,中央回风井、中央电厂汽机间,马家沟砖厂建筑砖车间,29号员司别墅、赵各庄矿洋房,中国最早的股票(1881年)。图3-3为开滦国家矿山公园主入口。

图3-3　开滦国家矿山公园主入口

资料来源:作者拍摄

2. 唐山铁路

作为我国铁路源头,唐山建成了国内首条标准轨铁路(唐胥铁路,1881年)、首台蒸汽机车,我国自办的首家铁路公司、首家铁路工厂、首个火车站(胥各庄站)。目前唐山铁路的主要遗存包括达道,中国最早的铁路、公路、行人立交桥——双桥里西桥(1889年),中国铁路零起点,唐山南站站台、天桥、风雨棚,古冶火车站高架煤台。图3-4为唐山铁路博物馆,巨石上文字为中国铁路源头。

3. 启新水泥厂

始建于1889年的启新水泥厂是我国水泥工业的源头,生产了第一桶机制水泥、首台水泥烘干机和旋窑(1925年),最早开始了水泥机械生产。目前启新水泥厂的主要遗存包括4-8#窑厂房及主要设备,1933年发电厂房和机组,乙仓和木质铁路栈台(1908年),启新修机厂。图3-5为启新水泥博物馆内部场景。

图3-4　唐山铁路博物馆

资料来源:作者拍摄

图3-5　启新水泥博物馆内部场景

资料来源:作者拍摄

4.唐胥铁路修理厂

与唐胥铁路同步建设的唐胥铁路修理厂是我国第一家铁路工厂,曾生产出第一台机车。正是在此基础上,发展起来当今活跃在世界轨道交通装备制造市场的中车集团唐车公司。其主要的工业遗存包括龙号机车(模型),铸钢车间、烟囱、水塔等。唐胥铁路修理厂的原址已经改建为地震遗址纪念公园。

5.唐山磁厂

唐山磁厂是中国最早的近代机制陶瓷企业,始建于1914年,首次引进了现代灌浆成型技术,制造出我国首件卫生瓷、首块陶瓷铺地砖和釉面砖。1976年的大地震,使代表性的工业遗产只剩下办公楼和部分设备用房,如图3-6和图3-7所示。

图3-6　唐山陶瓷厂办公楼外立面

资料来源:作者拍摄

图3-7　唐山陶瓷厂办公楼内部铺地砖

资料来源:作者拍摄

6. 滦河铁桥

滦河铁桥是我国近代建成的首座大型铁路桥,也是中国人自主建成的首座铁路大桥,始建于1892年。其位于唐山市的老站村,目前遗存的只有桥体,如图3-8。

7. 汉斯别墅

汉斯·昆德为当时启新洋灰公司的总技师,经开平矿务局总办周学熙聘请,于1900年来到唐山。汉斯别墅是1902年唐山细绵土厂送给汉斯·昆德的住宅,之后他长期住在此处,直到1936年去世。该别墅尽管历经了唐山大地震,却一直屹立。汉斯别墅以浅黄色为主色调,棕红色点缀,房顶采用了灰黑的瓦,与周围的建筑主调统一。如今,该别墅记录了当年启新洋灰公司汉斯·昆德的生活,同时为唐山市增添了异域风情。

汉斯·昆德故居博物馆占地面积19.42亩,包括"一场两区",其中"一场"为主题景观广场,根据原有的绿化空间实施优化提质,为市民提供一个休闲小憩之处。"两区"分别是博物馆展陈区和服务区,具体包括汉斯别墅、丹麦小屋、老唐陶办公楼、阳光玻璃房、城市雅居等。2011年汉斯别墅成为唐山市文物保护单位,供访客免费参观。汉斯别墅是其中的主体建筑,主要通过场景还原、实物、图片、体验等形式,来展示汉斯·昆德及家人在中国工作和生活的史迹,如图3-9。

图3-8　滦河铁桥
资料来源:中国冀商网

图3-9　汉斯别墅
资料来源:作者拍摄

3.3.3　唐山的城市更新与工业遗产再生进展

从城市更新的视角研究工业遗产改造是一个热点主题。在国民经济进入新常态之后,唐山市正处在加速推进资源型城市转型的时期,工业遗产改造重组的空间很大,以唐山市为样本推进该主题研究具有典型意义和实践基础。尽管国家在采取各种措施以消除城市更新中出现的大拆除"诟病",但是对于震后短短几十年的新城市唐山来说,如果像其他城市一样在城市外围局部添加新建筑物、同时拆除旧建筑物的话,不仅是对还未达到使用极限的建筑资源的浪费,更是对震后重生城市的历史承载与记忆的破坏。为了防止这些城市更新过程中的弊端在唐山出现,目前需要在顾全城市更新主流的同时,对城市空间轮廓内原有历史类产业建筑进行再生改造,以求达到工业遗产的价值最大化,而且符合低碳生态原则。

伴随着传统产业活动的重组改造或搬迁升级,留置在中心城区的大量产业类建筑遗存成为城市转型必须要解决的问题。对于这些承载着城市历史记忆和区域文艺特征的工矿业遗存,我国大多数城市都选择再生改造的总体思路,否定了简单拆除的原始做法。于是近年来在国内已经呈现出一股改造工业遗产的风潮,特别是在早期近代工业集中布局的一些重点地区。其中既有代表性的成功案例,也出现了开发不当的事例,表现为规划雷同、主题缺失等情况。

唐山虽然作为震后重生城市,在工业化高速发展的同时也存在着过度密集的人口聚集、城市结构失序、土地利用率低等情况。近些年,大量位于城市内部的工厂企业外迁,原来历史悠久的老厂区废弃闲置,这对唐山城市建设用地紧张状态无异于雪上加霜。这些工业遗产的改造再生可以最大限度地节约土地资源、降低城市更新的成本,使原有建筑物焕发新的生机,为城市面貌提升注入新的力量。保护性开发这些承载城市发展历史的产业类建筑就是保护当地市民对往昔的回忆,因而对这些城区废旧工厂加以改造再利用是解决多方面问题的一个可取路径。

唐山近代工业发达,在煤炭、水泥、钢铁、陶瓷等领域均有悠久且辉煌的发展史,中心城区分布的产业类历史建筑资源丰富,改造空间很大。近些年,唐山市在产业类历史建筑改造事项上,已经取得了很大进展,开滦国家矿山公园、启新1889等成为代表性项目。例如,由原来的启新水泥厂改建的启新1889项目是一个涵盖多方面功能的综合体。改造再生之后,这个全面更新的老旧厂区承载着历史沧桑,显露着文化气息。该项目已承办过多次画展、音乐节、摄影展等文化活动,为社会各阶层、各年龄段的人群提供了丰富多彩的文娱活动,见证了一个资源型城市走向新兴文化城市的轨迹。唐山启新1889项目将产业类历史建筑保护与文化创意产业相结合,拓展工业旅游,带动周边多种商业配套服务,正在成为唐山城市景观新地标。

3.3.4 从工业遗产到公共展陈空间:中国(唐山)工业博物馆

在后工业时代,城市环境及建筑群落将经历重大重构。由于淘汰落后产能或企业转型升级,大量工矿企业外迁,使得中国近代工业摇篮的唐山市城区出现了大量废弃的工业遗产。在对这些旧厂区进行再生改造设计的过程中,大多数地域调整为居住用地或商业用地,但是那些拥有浓厚文化底蕴、承载着一座城市历史记忆的重点厂区和特色建筑,完全可以更新为包括展陈空间在内的多种类型的城市公共设施,近年建成的中国(唐山)工业博物馆便是其中的一个成功案例。

1. 中国(唐山)工业博物馆项目的原状和改造成果

中国(唐山)工业博物馆位于市中心区域,建筑原址为唐山第一面粉厂。面粉厂是一个封闭的粮食储备及加工基地,由数十座单层仓库构成,其中四座仓库系日伪时期建造,经历 1976 年大地震而未被损毁,另有两座仓库是在 20 世纪 80 年代初建造的粮库。这六座仓库均平行分布又都垂直于大城山,刚好可以使山景从建筑物的空隙中溢出,构成了连贯的城市公共空间脉络。整个建筑群透出岁月的沧桑,列队式的组合彰显它们与众不同的身份。单层高度远超出标准建筑,开阔型窗口只在前后两门上配备,为这片工业遗产平添了神秘色彩,如图 3 - 10 和图 3 - 11 所示。

图 3 - 10   改造成工业博物馆的
第一面粉厂外立面
资料来源:作者拍摄

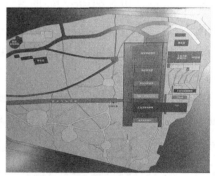

图 3 - 11   中国(唐山)工业博物馆
外部导览图
资料来源:作者拍摄

2005—2008 年,在大规模的城市改造中,原面粉厂在保留上述六座仓储建筑的基础上被塑造为唐山城市展览馆,转变为广大市民全面体味城市的窗口,转变为展示城市历史和建设成就的基地。用能够容纳城市活动的公共空间将山体和城市建成区结合起来,使曾经略显孤立的大城山重新回归城市,使城市痕迹得以留存,使城市环境中趋于衰败的工业建筑得到复兴。比起完全推倒重来的商业性开发或简单化的绿化定位,这一具有文化艺术范儿的工业遗产改造更能收获赞同和认可。

唐山城市展览馆公园中的展馆群组与庭院景观妥当融合,人造景观与周边的自然风景巧妙接续,对整体的视觉环境具有整合与提升作用。紧邻建筑的滨水景观与周边环境交相呼应,使得整体建筑融情于山水之中。新近加建的部分则尽可能使原建筑和山体成为视觉的主体,努力呵护着建筑和山体环境之间的和谐。远观建筑群,既保留了原有韵味,又符合现代审美,很好地平衡了彼此。

工程建筑材料主要选用了通透的金属格栅和防腐木板,从而强化了近距离的工业精神和远距离的自然风貌。原有建筑物的历史苍凉感与后续设计改造形成的木质走廊形成了鲜明对比,帧文彦式的条目材质为整个建筑物带来了温暖的感觉。白色碎石铺装在整个视觉上起到了色彩调和的作用。仓库添加的钢结构门廊使得走道不再临边而单调,将建筑感往外延伸,形成了有遮阴效果的走廊空间。遗留下来的仓库外墙并没专门做额外处理,而是保留原来的建筑肌理,透出了朴实美的效果。

由原唐山城市展览馆及周边环境整体规划改造成的工业博物馆,占地面积110亩,场馆面积6 000多平方米,功能定位为唐山工业博物馆的总馆。该馆由唐山市文化旅游投资集团公司建设,2017年6月开始施工,于2017年9月开馆。该馆另外还包含四个辅馆,分别是汉斯·昆德生活馆、詹天佑实践馆、茅以升数字馆和金达音乐吧。

2. 中国(唐山)工业博物馆项目实际绩效评估

现在,广大市民在这个连续的整体中漫游,不仅享受着实体的园林绿地,也在享受历史文化,更重要的是从开放性的展馆中理解这座城市的发展轨迹和在各个历史时期所付出的努力。这个项目的工业遗产再生设计对城市精髓进行挖掘、包装及整合,将多数居民平常不了解或不在意的方面集中显现给大家,激发了市民对所在城市的认同感和自信心。在唐山这座典型的资源型城市注入这样高品位、有内涵的精品建筑力作,对于提升城市建筑等次层级、引导城市文化精神走向,都能起到积极的作用,得到了领导支持、市民赞同和业界认可。

当然,中国(唐山)工业博物馆项目的实际运行还存在着一些问题,原因既包括唐山城市基础本身的客观情况,也有日常开发管理方面的缺失。因为在唐山这样的三线城市,虽然也存在着制造业从中心城区向外大规模搬迁的情况,但由于人才、技术、氛围等多重原因,还不具备以文化创意这样的后工业社会产业形态迅速填补代替的能力,也尚未培育出经济实力强、文化素养高、具备某种另类特质的稳定消费群体。建设初期曾经考虑过一个称为"淘宝村"的周末收藏品交易市场,以吸引更多市民参与公园内的活动并到展览馆参观,还想建设以皮影等为代表的唐山民俗展览馆,但目前只实现了单一的城市规划展览功能,所安排的展览类型还比较单一,官方特色明显。目前,整个馆区显得较为冷清,缺乏人气,也不够接地气。改造后的钢结构部分已有生锈剥落迹象,日常维护及后续工作没有到位。展馆内部的参观路线设计不甚合理,展陈内容的摆布、内部灯光环境等方面都还有提升空间。由于城市发展速度非常快,因此针对各功能区全面制作沙盘的方法不够科学,较高成本制作的沙盘对现实的展现周期过短。

3.3.5　唐山南站的保护与改造:绿色建筑导向

发达国家早已开始着手对废弃建筑的改造和再利用,如今已经形成较为完善的理论体系。相比之下,我国对建筑遗产的基本手法便是拆除重建,对其本身所具有的文化意义还未认识到,这在一定程度上阻碍了我国改造建筑的发展。绿色建筑是指"在建筑的寿命周期内,尽量节约建材和能源,利用环保的建筑方式最大限度地控制污染,为用户提供健康良好的环境"。绿色建筑的重点是能源的可再生性,具体包括节约用地、降低耗材的使用和减少能源浪费。我国绿色建筑发展起步较晚,太阳能、生物质能和地热能是目前用到的主要技术。利用这些绿色建筑技术可最大限度地减少大气污染,逐渐受到建筑行业的推崇。唐山南站的保护和改造对于推动城市发展、延续城市文化具有积极作用,有助于诸如唐山这种传统资源型城市的建筑遗产有机更新,并成为资源紧缩约束条件下城市可持续发展的主要方式。

1.唐山南站的建筑改造进展和设想

(1)唐山南站历史背景

我国首条铁路就是始发站为唐山、终点站为丰南胥各庄的唐胥铁路。唐胥铁路在经济上对唐山产生了极大的影响,也在城市记忆中留下了深刻的印象。1901 年的唐山火车站如图 3-12。

唐山南站位于唐山市路南区,建于 1881 年首建的唐山老火车站旧址之上,外观为长方形框架结构,如图3-13。此后,城市问题由于老建筑的废弃率提高而大量产生。城市用地日趋紧张,而大量的用地却被废弃建筑所占用,因此急需重新改造并发挥废弃建筑的价值。如今唐山南站虽然重新修葺开放使用,但由于周边环境老旧,同时南站本身空间较小,需要尽快改造。

图3-12　1901年的唐山火车站
资料来源:河北新闻网

图3-13　1972年的唐山南站
资料来源:河北新闻网

（2）场地现状

唐山南站作为1881年建成的老建筑,承载了大多数唐山人的记忆。如今的唐山南站已经开始重新运营,虽然火车站进行了基本的修缮,但其周边依然老旧的小型建筑,如小饭店、小酒店和大量的五金行业零售商,难以应对日后日益增长的人流,同时也不能给周边居民提供一个良好的活动聚集场所。火车站原先保留的站前广场已经变成公交车停车场,除火车站和文体活动中心为多层建筑外,其他多是形制较为陈旧的建于地震后的民用建筑,附近年轻居民少,老年人居多,综合环境较差。基于当前的实际情况,建议通过对唐山南站的保护和改造来汇集周边建筑资源,打造路南区的地标建筑,唤起人们对老火车站的记忆。唐山南站的候车大厅、旅客天桥、候车钢架雨棚及建于1939年的铁路水塔保存较好,除油漆脱落和墙体开裂外并无结构损伤。这几样建筑经过唐山大地震的洗礼依旧耸立,且具有传统建筑的特征,能够代表唐山近现代产业及节点建筑特色。火车站本身周边的小型建筑和公共建筑,如唐山南站文体活动中心等在建筑价值上虽然没有南站本身重要,但是可以还原当时的建筑特色,保留城市记忆,建议部分保留、部分重建。

（3）新老建筑的衔接与保护

车站候车大厅和检票口位于整栋建筑的东部,建筑西边为出站口和旅客天桥。候车厅内部大约200平方米,其余为附属与办公用房。保留原有长方形框架结构,如图3-14,天窗如图3-15,因原有候车厅的功能不能满足车站日益增长的人流需求,因此增加了候车室间,原一层候车室因过于低矮,被改为交通枢纽,在原有框架的基础上增添了二层候车室。二层候车室凌驾于一层交通枢纽之上,增添了所需要的卫生间、温水房、餐饮部、纪念品部等。墙体材料选择了大面积的玻璃幕墙,重复运用老建筑的元素,如图3-16,屋顶采用坡屋顶的方式与旧建筑相呼应。大厅简洁标示明了,除必要的信息外不设任何干扰旅客的障碍物,减小商业广告,确保旅客不被无用信息干扰。一层大厅的主要功能是连接站台与旅客,是办公用房和附属用房及设备用房所在之处。月台完全保留,在出站时,旅客必须通过一个长长的钢制天桥,即建于1922年的"旅客天桥",现将天桥用玻璃框架包裹起来,呼应于候车厅的处理,在保留原有特色文化的同时,融入与时俱进的文化元素。原有框架和天桥作为地震遗迹被保留,使空间富于纪念性、设计性。

图3-14　唐山南站框架结构
资料来源:丁硕拍摄

图3-15　屋顶天窗
资料来源:丁硕拍摄

图3-16　原有建筑墙面元素
资料来源:丁硕拍摄

（4）多重功能开发

为提供更好的活动场所同时保证火车站周边的交通流线,应对服务和辅助功能进行升级和优化。如为增强空间的利用,节省旅客时间,缩短交通距离,可将交通空间和停车功能引入地下,将地上广场空间退让给人群。公交车有 102、118、118 支、16 等 6 条线路,尽量设置单循环线路,避免车辆交叉造成混乱。此外,在火车站内设置可显示公交线路及到达时间的电子显示屏,以方便旅客出行。在出站口设置等候区,减缓公交车站的压力。出站设置地道出站,尽量将入站人流引入上部,出站人流引入地下,通过高架桥等方式将交通空间与出站口连接,避免旅客浪费不必要的时间,实现零距离换乘。

唐山南站的前广场主要作为人流疏散和市民休闲空间。唐山市第一个小公园建于 20 世纪 30 年代,位于南站的站前广场,1948 年版的《唐山事》对此曾有记述,现在广场已经改成了公交车车场和体育场。保留体育场的建筑,将公交车停车场引入地下,退让现有的广场空间给居民,解放了地面层的同时也使广场成了纯粹的步行空间。同时站前广场也作为"城市广场"进行使用,对将车站塑造成标志性地标具有积极作用。车站改造可带动城市交通及城市的再发展,重建目的是使其成为城市交通中心枢纽,同时向南延续唐山市发展,带动商业住宅等的繁荣,促进城市化的进程,进而带动城市再开发。同时还可将车站周边发展成新型住宅区,充分利用土地的同时还可以集中人流,可以促进公共交通事业的进步。

2.唐山南站保护改造的绿色技术

（1）自然通风

在总能耗中,通风能耗是总消耗量中最大的,因此解决通风问题刻不容缓。唐山南站在二层入口处设置了门厅,在二层大厅上方安装电控百叶窗和上旋窗,这样不仅有利于建筑通风和火灾排烟,在一定情况下提升了火车站内环境的舒适度,还可以实现夏季通风、冬季保暖的功能。在主站房结构单元体上设置通风塔,通过空气的热压和风压效应,形成一套完整的空气循环系统,实现站房内的自然通风。

（2）采光设计

火车站作为大空间、大跨度建筑,需要大量的照明能耗,因此采用大面积开天窗的方法,来实现在普通情况下的自然照明,可节约电能。为了建筑的整体性,开天窗手法与老建筑保持一致。同时立面大面积采用玻璃幕墙,采光构件可采用光导照明、采光隔板、光导纤维、导光棱镜等。

（3）利用光伏

火车站消耗能源巨大，因此必须考虑对太阳能、地热能等能源的利用。利用老火车站斜屋面形式的特点，可在屋顶上设置太阳能热水板、太阳能光伏发电板等，在不影响屋面形式的情况下发挥功能，以此来形成独立的光伏发电系统及热水循环。

（4）节水处理

火车站屋顶为坡屋顶，可设置雨水收集系统，通过虹吸收集雨水，净化后作为绿植灌溉和卫生间冲厕用水。站前广场采用大面积的透水砖，将雨水收集起来，处理后可作为清洁用水。

3.4　秦皇岛市工业遗产再生现状

3.4.1　总体情况

1. 秦皇岛港西港区

秦皇岛港属于我国近代首批自开口岸，拥有我国重点文物保护单位仅有的近代港口遗产体系，记录了秦皇岛港在我国近代工业发展史上特别是开滦矿务局煤炭运输史上的独特地位。始建于 1898 年的秦皇岛港包括西、东两个港区。一个多世纪以来，秦皇岛港从服务于开滦煤炭外运的小港变成我国北煤南运的主枢纽。

2013 年，走过 115 年的秦皇岛港老煤炭码头停止运营，开启了秦皇岛港西港搬迁改造的序幕。目前其主要遗存包括大码头、小码头、南山信号台、老船坞、开滦矿务局秦皇岛经理处办公楼、车务处、开滦矿务局秦皇岛高级员司俱乐部、外籍员司特等房、南山引水员住房、南栈房、日本三菱及松昌洋行、南山饭店、老港站地磅房等，如图 3 - 17 和图 3 - 18。

图3-17　秦皇岛港西港区遗留建筑　　　　图3-18　西港花园的铁路花海
资料来源:作者拍摄　　　　　　　　　　　资料来源:作者拍摄

2. 耀华玻璃厂

耀华玻璃厂是亚洲首家采用现代工艺制造玻璃的工厂,曾拥有亚洲首个"弗克法"生产线,也使秦皇岛成为"中国玻璃产业的摇篮"。1922年3月,耀华机器制造玻璃股份有限公司设立,中国和比利时各占股本金的50%,中方投资商为开滦矿务局,现在主要工业遗存有泵房水池、水塔、发电房等。2001年,耀华玻璃厂搬迁,为铭记工业历史,传承城市文脉,丰富旅游资源,展示玻璃文化,秦皇岛市在耀华玻璃厂原址建设了玻璃博物馆,投资2 200万元,建筑面积2 882平方米,如图3-19和图3-20。

图3-19　秦皇岛市玻璃博物馆主立面　　　图3-20　秦皇岛市玻璃博物馆内部
资料来源:作者拍摄　　　　　　　　　　　资料来源:作者拍摄

3. 开滦矿务局秦皇岛电厂

该厂建于1928年,属于巴洛克式风格,那时是开滦矿务局在秦皇岛的发电厂,由于地处南山,所以又被称为南山电厂,是秦皇岛第一家发电厂。2013年,秦皇岛港口近代建筑群成为全国重点文物保护单位,里边就包括秦皇岛电厂。2015

年,该电厂全面整修,再生为电力博物馆,为国内唯一利用旧发电厂房再生的电力博物馆(比利时沙勒罗伊市电气工程作坊设计),如图3-21所示。目前其主要工业遗存包括主楼、燃料运输专用铁路、蒸汽机车、站台,建厂时使用的开滦缸砖、房间内的瓷墙裙和地砖、天车及照明灯具、日本产6千伏变压器等。

图3-21 秦皇岛电力博物馆

资料来源:作者拍摄

4.山海关桥梁厂

山海关桥梁厂(现中铁山桥)始建于1894年,生产了我国首个钢桥和首组铁路道岔,为我国钢桥和道岔的摇篮。山海关桥梁厂主厂区面积为70万平方米,现在还保留着建厂初期砌筑的砖墙。目前其工业遗产主要是中华人民共和国成立后建设的厂房及配套设施,目前状态良好,包括原钢梁车间、打风机厂房、清光绪二十四年桥牌、两米铣边机床、型钢矫正机等,如图3-22。有5台老设备和一件郑州黄河大桥的钢梁,放置于厂区历史文化广场,变成记载工业文化的物件。

图3-22 1894年从英国购进的两米铣边机床

资料来源:中国工业新闻网

3.4.2 秦皇岛港西港再生改造的专项解析

1. 西港再生改造的渊源和进展

秦皇岛港在开埠初期,是服务于开滦煤炭外运的港口,而且由矿务局直接经营管理,这就确立了秦皇岛港煤炭运输的初始渊源。中华人民共和国成立以后,国家对秦皇岛港的定位是全国南北煤炭能源运输的主枢纽,进一步固化了秦皇岛港的煤炭特征,进一步将港口锁定在煤炭运输的主业上。秦皇岛港全面进入市场化环境及下放省属之后,虽然基本脱离了原有的计划性安排,但仍然依仗前期形成的强大煤炭运输能力,在市场竞争中保持优势。

西港在秦皇岛市海港区的南向沿海,吞吐量并不大,基本没有可扩充的空间,却给生态环境和城市交通治理带来很大困难。西港占据了秦皇岛城区 4.55 千米海岸,阻碍了市民与大海的生活交集。虽然说秦皇岛港对所在城市一直有很大的付出,例如 1983—2002 年间,秦皇岛港从装卸的每吨货物中计提 1 元的港建费,专门用到城市基础设施,合计 12.7 亿元,但是老旧港区还是对城市环境改善有很大制约。

2013 年 4 月,《秦皇岛港西港搬迁改造方案》经河北省省委常委会研究通过。根据该搬迁方案,停止秦皇岛港西港的煤炭业务,并把集装箱和杂货运营都挪移至东部的新港区。该方案的实施拟订在 2020 年前结束,实现对主城区海岸线的用途变更。该搬迁方案指出,将对西港及附近区域进行规划设计,统筹开展改造工作,建设涵盖滨海旅游、海景住宅、总部经济等多种业态的新城区,将发挥原来货运码头的平台作用,布局国际邮轮母港及游艇码头,培育滨海观光休闲业和相关俱乐部。从时序来看,将按照关停西港、施工新港区、建成滨海新城区、构建临港产业集群这四个阶段稳步推进,使秦皇岛的港城关系进入协同共进的新境况。

秦皇岛港西港搬迁是河北省加快沿海经济带发展、调整经济空间布局、提升省域港口能级的整体安排,是秦皇岛市优化港城融合、提升港城环境的必然选项。这一搬迁计划不但会缓解秦皇岛市区的粉尘污染,还能使原来港口使用的岸线资源重回公共空间。秦皇岛港西港区中止煤炭运输之后,会在煤码头五期至沙河口之间的岸线布局非煤的综合性新港区。

对此,河北省及秦皇岛市的有关部门、河北港口集团协同推进,已经完成了港口及集疏运设施的规划设计,制订了西港综合开发方案和东扩港区的建设方案,已经中止了西港的煤运。2014 年 8 月,河北省发展和改革委批准了秦皇岛港 150 航道项目,这是秦皇岛港西港搬迁计划的一大进展。这个项目基于目前的 10 万吨级航道,建成可以实现 20 万吨级散货船乘潮单向进出港的水平,而且这样还可以提供秦皇岛港西港搬迁吹填海的土方。2016 年 8 月,河北港口集团、秦皇岛市、北京北控置业公司和中豪金山公司达成合作协议,各方同意将共同实施秦皇岛港西港搬迁。

当然,西港搬迁并非单纯平移,而是要营建出现代化的新港区及衍生产业聚集区。西港煤炭业务全部终止,同时在煤码头五期以东位置,布局主营集装箱和杂货的新港区。2013 年 6 月 4 日,装载煤炭的"帆顺 999"号船驶离,这标志着历经 115 年的秦皇岛港西港煤炭码头关停,西港东迁开始实施。西港东迁将使得秦皇岛的港城关系明显优化,进入新一阶段的港城协调共生。西港东迁之后,一百多载的港口运营史深深地刻在了城市发展的轨迹上,秦皇岛港遗存的近代建筑群凸显了文物保护价值,正在得到保护和再生利用。秦皇岛市将针对港口赋存遗产,打造能够彰显出港城特质的文化旅游地带,通过港口遗产更新和再生,为城市注入更多的历史精华。

作为休闲旅游城市的秦皇岛,还将进一步抓住西港东迁的契机,重点考虑邮轮母港和游艇码头建设和业务开展。在秦皇岛港西港关停的煤炭码头旁边,山海旅游铁路开通运行,改造后的秦皇岛港口博物馆如图 3 – 23 所示。

图 3 – 23   秦皇岛港口博物馆
资料来源:作者拍摄

2. 西港花园的再生改造状况

近期已经投入运营的秦皇岛西港花园包含六大部分,具体介绍如下。

第一,游船码头。作为其前身的车场是秦皇岛港铁路运输公司的主要枢纽。河北港口集团在设计西港花园时,充分依托了原来大码头悠久的港口历史文化,打造了我国距海最近的火车站——"开埠地站",如图 3 – 24 和图 3 – 25。游客可以搭乘"寻仙号"主题游轮,欣赏沿岸的百年大港风貌,也可以乘坐"秦旅山海号"小火车,观赏山海花田美景。

图3 – 24　开埠地站	3 – 25　开埠地站办公楼
资料来源:作者拍摄	资料来源:作者拍摄

第二,海誓花园。此为爱情、婚庆题材的文化产业园区,主要针对京津冀地区的婚庆业务,能给客户设计浪漫的定制婚礼。该花园的业务范围包括婚礼定制、休闲度假、影视拍摄、产品发布、主题活动、企业年会等,其中婚礼殿堂侧重工业风,使得以前的秦港三公司机械维修厂充满了经典的怀旧浪漫气息,如图3 – 26。

第三,铁路花海。这里曾是秦皇岛港最早的码头——大码头。铁路花海项目占地面积 1 158 平方米,包括 18 个集装箱的组团,还有机车博物馆、一米书吧、咖啡厅等。铁路花海展出了三列机车,包括东风、捷力和日立三个品牌的产品,形成特色景致。在花园内 14 条铁路线的空间范围内种植了连绵成片的植被,形成铁路花海,如图 3 – 27。

第四,帆船游艇码头。可以从这里乘坐帆船感受帆船运动,船长和水手会给游客介绍升帆、控帆等帆船相关知识。帆船游艇码头曾是秦皇岛港西港的工作船码头,如图 3 – 28。

图3-26   西港花园的海誓花园

资料来源:作者拍摄

图3-27   西港花园的铁路花海

资料来源:作者拍摄

第五,观海平台。观海平台长520米、宽3米,能够观赏整个西港的滨海景观,是上佳的亲海位置。这里曾是秦皇岛港甲码头防浪墙。

第六,南栈房。2018年8月,在南栈房举办了当地首个国家级主题展览,即纪念改革开放40周年暨秦皇岛港开港120周年"世纪之门"主题展览,通过文物及历史档案来回眸秦皇岛港百余年的轨迹。南栈房曾是建于1905年的秦皇岛港杂货库房,如图3-29。

图3-28   西港花园内帆船游艇码头

资料来源:作者拍摄

图3-29   西港花园的南栈房

资料来源:作者拍摄

第 4 章 工业遗产再生设计的效果评价：以唐山启新 1889 为例

作为人类生产技术演进的见证，工业遗产成为所在城市的个性化资源。工业遗产是资源型城市的宝贵财富，可以被打造为城市视觉新景观和功能新主体。通过艺术与科技的组合，可以实现工业遗产的环境恢复、景观再造、产业转型和文化重构。目前急需思考的问题包括这些改造项目的实际效果如何，是否提供了充足的文化艺术内涵，是否合理地实现了建筑功能和经济效益的转换。这些都要求针对再生设计的现实进展做出阶段性评估。启新水泥厂是唐山市推进工业遗产再生的代表性项目之一，并已经取得了阶段性进展。下面通过对唐山启新水泥厂再生项目进行跟踪评估，识别现存问题，综合分析再生设计效果。

4.1 启新水泥厂工业遗产再生设计的中期评估

4.1.1 唐山启新水泥厂工业遗产改造的背景和指向

唐山启新水泥厂是由唐廷枢创办的中国第一家水泥厂（前身为唐山细绵土厂）。自 1889 年建厂以来，连续生产 120 多年，直到 2009 年停产，是中国工业遗产的元老之一。启新水泥厂的再生改造项目能为历史悠久、但因停产而沉寂的老厂区注入新的活力、创造新型经济价值和文化艺术价值。经过几年时间的构想、谋划、设计与施工，原启新水泥厂地块的工业遗产改造已经取得了阶段性的重大进展，目前的建筑景观形象已经显著转换。实际上，在唐山这个典型的近代工业发祥地，启新水泥厂工业建筑遗存的再开发具有标志性意义，颇具研究价值。下面对唐山启新水泥厂遗存再生改造进行评估，总结其演化状态及经验。

启新水泥厂更新改造是唐山市率先启动的重点项目，历史渊源、地理区位等多方面优势使其具有示范带动作用。启新水泥厂位于唐山市中心区东南部，厂区用地面积 30 公顷,南北两侧的新华道和北新道均为城市东西向干道,厂区南侧的启新环岛和启新立交桥也是重要交通枢纽。启新水泥厂历史悠久,其中水泥窑、电厂、浴室等厂房和设备已历经百年沧桑,完整地印证了启新的变迁轨迹,极具历史价值和艺术内涵。

唐山启新 1889 项目建筑大多是中华人民共和国成立前建的,在 1976 年的大地震中受损不大。建筑及装备大多结构完好,只需局部加固便可以改造利用。启新水泥厂工业遗产中建于 1911 年的 4、5 号水泥窑是历史最悠久的,而老浴室(原 1、2 号水泥窑)、南三筒、发电厂、木结构站台等重要遗存都是在 20 世纪 30 年代建造的。从原有功能上看,启新水泥厂工业遗产涵盖了粗加工、研磨、传输、仓储、包装、办公等各种类型。从建筑结构来看,其包括了大跨度桁架、混凝土框架、砖混、木结构和混凝土筒形结构等多种形式。启新水泥厂的厂房建筑极具特色、式样古典、立面比例协调、细部精致,堪称工业建筑珍品。这些不可复制的工业遗产急需新型载体去保护、继承及再开发。

在实际改造中,对于上述具有典型意义并做过重大贡献的工业遗产,应依据其原有产业及产品性质,以工业技术博物馆、企业纪念馆、文化创意园、工业旅游景区等为方向进行全方位保护和再开发。将旧的工业群落保存于新的城市环境中,可以记录和体现过去的工业成就,可以改良城市的视觉品质,还能够通过资源的再次整合利用将历史文化价值转换为市场价值。工业建筑结构坚固,高大规整,内部空间划分灵活,往往可在其寿命周期内经历使用功能的调整变更。这些旧厂房和仓库处于中心城区,是服务业发展的优先地段。少量的初期投资、较短的建设周期,都使得工业建筑遗存的适应性再利用成为城市发展的新契机。

"启新 1889 文化创意产业园"作为原启新水泥厂改造的核心项目,占地面积 94.5 亩,建筑面积 5.1 万平方米。该项目共分三期开发建设,一期工程是启新广场和博物馆展陈中心,二期工程主要包括保留建筑的加固改造,道路、管网及横跨启新路的天桥建设。目前一、二期都已完工,三期工程主要是园区文化产业景观的建设,仍在规划建设中。中国水泥工业博物馆核心区以 4~8 号窑为基础,对原有的构筑物本着修旧如旧的原则进行改造,这是中国首个以水泥工业为主题内容的博物馆,既保护利用了工业遗迹,又传播了我国早期的工业文明。博物馆建筑面积 2 000 多平方米,首批确认了 144 件珍贵展品展览,都是我国近代工业发展史上的珍贵留存,很可能在原产地都已难觅踪迹了。

整个产业园在建筑体量、尺度、色彩方面与保留建筑相协调,形成汇集文化艺术、展览展示、精品酒店、大型会议等于一体的项目集群，打造以博物馆展示、文化创意、工业旅游为特色的综合产业园区。目前，启新1889园区集旅游、文化、休闲、时尚、购物为一体，全天候免费开放。园区东邻环城水系游览码头，西北临大城山主题文化公园，周边集中了重要的城市文化、景观和空间要素，自然资源和工业文化资源丰富。园区重点引进文化创意产业项目，包括主题餐饮、文玩字画鉴赏、艺术品展示、个人创意工作室、弧形影院、空中啤酒花园、特色服饰、创意家居陈设、创意动漫、个性摄影、风格新媒体、先锋艺术、特色饰品等业态。

4.1.2　唐山启新水泥厂工业遗产再生进展的综合评估

启新水泥厂等工矿企业重组搬迁后，原有的生产设备、厂房建筑、工业技艺极具历史价值、文化内涵和社会意义，承载着唐山工业文明的发展历程，它们是唐山城市记忆的缩影。启新水泥厂的再生改造项目盘活了老旧厂房等存量资源，在保持原有框架的基础上主要改造为艺术家工作室、画廊、儿童拓展艺术中心、影视中心、特色酒吧、西餐厅等具有文化内涵的文化创意活动空间，深入挖掘了工业建筑资源，延续了工业文化根脉，按照保护和利用相结合的原则建立了多重功能的新基地。该项目多种手法相结合，正在实践着改造重生的路线，如图4-1、图4-2和图4-3。

图4-1　改造后的启新水泥厂厂区内街图　　图4-2　启新水泥厂厂区内新建的画廊
　　　　　资料来源：作者拍摄　　　　　　　　　　　资料来源：作者拍摄

启新水泥厂的原有建筑曾经过多轮改建，本次更新改造亦是较完整地保留了厂房清理过程中留下的痕迹，使得工业遗产展现出了多层次、跨时代的历史风貌，启新地块依山傍水的空间区位优势得到初步显现。改造后的水泥窑、发电厂汽轮机及高大的欧式厂房仍然可以给人一种强烈的工业化震撼。作为核心空间的幸福广场视觉开阔,能全方位、多角度彰显工业建筑遗存的魅力并满足举办小型集体活动的区域要求。周边建筑跨越百年,既有大尺度的厂房、生产设备,也设计了适宜游人停驻休憩的景观艺术小品,为各种公共活动的开展创造了可能性。

图 4 - 3   老零件改造的公共艺术体
资料来源:作者拍摄

启新水泥厂改造项目的设计方曾提出将原地块转型为城市开放空间,打造成为开放式博物馆、全天候观演区和城市活力中心。伴随唐山中心城区整体结构的调整和城市东南部的发展,启新水泥厂位置将重新回到城市的几何中心,其区位优势和城市功能引导作用将进一步提升,并可打造为具有城市鲜明特色的创意基地。但从目前的情况来看,唐山城市建设的主要指向是西部和北部,启新水泥厂所在的地理位置偏东南,人流稀疏,住宅区并不密集,在唐山市中心城区仍然属于基础条件较为滞后的区域,对专业技术人才和中高端消费群体的吸引力均不足。这直接影响了设计方提出的城市活力中心、特色创意基地等功能目标的实现。电车间改造的艺术家工作室,如图 4 - 4。

启新水泥厂原有建筑布局相对零散,用地边界比较复杂,对地块空间品质的整体改善和局部土地的利用形成了障碍。处于地块中部的中国水泥工业博物馆,被现有其他厂房、构筑物和住宅包围,缺少与周边的大城山、陡河等景观和文化要素充分的空间连通。在项目内部,已经开展业务的文化艺术类、商务会展类实体不算密集,整个地域空间范围内的人气还明显欠缺。

图4-4　发电车间改造的艺术家工作室
资料来源：作者拍摄

4.2　启新1889项目再生绩效的定量评估：基于模糊综合评价模型

唐山市区的很多工矿企业外迁重组之后，原有的厂房建筑、生产设备等可以继续承载工业文明的发展历程。近几年，唐山市针对一批代表性工业遗产展开了大规模的改造行动，已经取得了明显进展，但同时也出现了多方面问题，所以有必要对当前的状态进行全面评估，以谋划下一步的路径。这里对启新1889项目的初期运行情况和各方反应进行调研整理，通过模糊综合评价模型对该项目的再生进展进行全面评估，总结经验、发掘规律，为下一阶段的优化策略提供了导向。

4.2.1　评价方法

这里对唐山启新1889项目的改造进展和当前状态，按照考核基准进行全方位的绩效评估，涵盖艺术价值、经济效益、公共职能、环境契合、城市精神五个方面。遴选有代表性的参与主体收集微观数据，以规划设计部门、经营者、市民、外来游客等异质群体为对象，发放问卷，获取了直接的数据。从被调查者对工业遗产改造项目现有进展的满意度、愿景及调整建议的意向表达，分析项目定位的科学性，评价建筑改造设计的合理性，找寻影响项目绩效的瓶颈因素，并获取对今后设计导向的诉求。

选用模糊综合评价方法对唐山启新1889文创园区的改造效果进行评估。模糊综合评价是在模糊背景下，考虑相关因素，基于模糊变换展开综合决策的技术。其优点是当所确立的指标数据不能准确测定时,可以依靠相关主体的能动性判断给出评价区间。模糊综合评价的步骤介绍如下。

1. 建立评价对象因素集 U

评价对象因素集就是评价指标,假设选定 n 个指标,μ_i 表示第 i 个因素,那么因素集表示为 $U = \{\mu_1, \mu_2, \cdots, \mu_n\}$。

2. 建立评语集 V

评语集就是针对评价对象的全部评价结果所形成的集合。设选定 m 个评语,v_j 表示第 j 个评语,则评语集可以表示为 $V = \{v_1, v_2, \cdots, v_m\}$。

3. 建立单因素评价模糊矩阵 $\boldsymbol{R}$

单因素评价就是建立从 U 到 $F(V)$ 的模糊映射。

$$f: U \rightarrow F(V), \forall \mu \in U$$

$$\mu_i \rightarrow f(\mu_i) = \frac{r_{i1}}{v_1} + \frac{r_{i2}}{v_2} + \cdots + \frac{r_{im}}{v_n}$$

$$0 \leqslant r_{ij} \leqslant 1, 1 \leqslant i \leqslant n, 1 \leqslant j \leqslant m$$

由 f 诱导出模糊关系,从而能够得到模糊矩阵如下:

$$\boldsymbol{R} = \begin{bmatrix} r_{11} & r_{12} & \cdots & r_{1m} \\ r_{21} & r_{22} & \cdots & r_{2m} \\ \cdots & \cdots & \cdots & \cdots \\ r_{n1} & r_{n2} & \cdots & r_{nm} \end{bmatrix}$$

将 $\boldsymbol{R}$ 称为单因素评价模糊矩阵,那么 $(U, V, \boldsymbol{R})$ 就形成所需的评价模型。

4. 综合评价

因为 U 里面各具体评价指标的分量不同,应该给各个因素算得权重。本书将利用 AHP 层次分析法算得的权重 A,作为 U 的模糊子集(表示权重),即 $A = (a_1, a_2, \cdots, a_n)$,且 $\sum\limits_{i=1}^{n} a_i = 1$。在 $\boldsymbol{R}$ 与 A 求出之后,则综合评价模型为 $B = A \cdot \boldsymbol{R}$。按照最大隶属度标准,来确定评估对象的情况。

层次分析法的应用按照如下顺序展开:建立层次结构;两两比较判断矩阵;单层次排序;层次总排序。用方根法计算单层次排序:把 A 里边的元素按行相乘,乘积为 $M_i = \prod\limits_{j=1}^{n} a_{ij} (i = 1, \cdots, n, m)$;把乘积开 n 次方根,方根记作 $\overline{w}_i = \sqrt[n]{M_i}$;将方根组成的向量 $\overline{\boldsymbol{W}} = [\overline{w}_1 \quad \cdots \quad \overline{w}_n]^{\mathrm{T}}$ 归一化,主特征向量 $\boldsymbol{W} =$

$[w_1 \quad \cdots \quad w_n]^T$，其中 $w_i = \dfrac{\overline{w_i}}{\sum\limits_{i=1}^{n} \overline{w}}$。

计算主特征值：

$$\lambda_{\max} = \sum_{i=1}^{n} \frac{(AW)_i}{(nW)_i}$$

其中$(AW)_i$表示AW的第i个分量，$(nW)_i$表示nW的第i个分量$(i=1,\cdots,n)$

单层次排序的一致性指标为 $CI = \dfrac{\lambda_{\max} - n}{n-1}$，各个阶数的平均随机一致性指标见表4-1所示。

表4-1　平均随机一致性指标

阶数	1	2	3	4	5	6	7	8	9	10
RI	0.00	0.00	0.52	0.89	1.12	1.25	1.35	1.42	1.46	1.49

如果随机一致性比率 $CR = \dfrac{CI}{RI} < 0.10$，就可以认为层次单排序结果的一致性是满意的。

4.2.2　评价过程

1. 权重确定

规划设计者、经营者、市民和外来游客这四个受访群体对评级对象有着不同的重要性，需要确定权重。利用德尔菲法得到判断矩阵，见表4-2。

表4-2　四个受访群体的两两比较判断

比较矩阵	规划设计者(U_1)	经营者(U_2)	市民(U_3)	外来游客(U_4)
规划设计者(U_1)	1	4/5	3/4	23/20
经营者(U_2)	—	1	47/50	173/100
市民(U_3)	—	—	1	48/25
外来游客(U_4)	—	—	—	1

由表 4 - 2 可得判断矩阵为：

$$A = \begin{bmatrix} 1 & 4/5 & 3/4 & 23/20 \\ 5/4 & 1 & 47/50 & 173/100 \\ 4/3 & 50/47 & 1 & 48/25 \\ 20/23 & 100/173 & 25/48 & 1 \end{bmatrix}$$

(1)则由 $M_i = \prod_{j=1}^{n} a_{ij} (i = 1, \cdots, n)$ 可得：

$$M = (M_1 \quad M_2 \quad M_3 \quad M_4) = (0.69 \quad 2.03 \quad 2.71 \quad 0.26)$$

(2)由作 $\overline{w}_i = \sqrt[n]{M_i} (i = 1, \cdots, n)$ 可得：

$$w = (\overline{w}_1 \quad \overline{w}_2 \quad \overline{w}_3 \quad \overline{w}_4) = (0.91 \quad 1.19 \quad 1.28 \quad 0.71)$$

(3)归一化处理,得到：

$$W = \begin{bmatrix} w_1 & \cdots & w_n \end{bmatrix}^T = \begin{bmatrix} 0.22 & 0.29 & 0.31 & 0.18 \end{bmatrix}$$

(4)一致性检验：

$$\lambda_{max} = \sum_{i=1}^{n} = \frac{(AW)_i}{(nW)_i} = 4.005$$

$$CI = \frac{\lambda_{max} - n}{n - 1} = \frac{4.005 - 4}{4 - 1} = 0.0017$$

$$CR = \frac{CI}{RI} = \frac{0.0017}{0.89} = 0.002 < 0.10$$

所以该层次单排序的结果契合一致性的要求。

除了四类受访群体的权重设定,还需要确定针对工业遗产项目改造绩效的五个评价指标的权重。采用相同方法可得这些评价指标的比较判断矩阵见表 4 - 3。

表 4 - 3　五个指标的比较判断矩阵

比较矩阵	公共职能	艺术价值	经济效益	环境契合	城市精神
公共职能	1	13/10	18/10	113/100	15/10
艺术价值	—	1	14/10	88/100	117/100
经济效益	—	—	1	63/100	83/100
环境契合	—	—	—	1	133/100
城市精神	—	—	—	—	1

同理可算得五个评价指标的权重为：$W' = [0.26, 0.20, 0.14, 0.23, 0.17]$。
则四类受访群体的层次总排序权重见表4-4所示。

表4-4 层次总排序权重

访问群体	指标	总权重
规划设计者 0.22	公共职能 0.26	0.06
	艺术价值 0.20	0.04
	经济效益 0.14	0.03
	环境契合 0.23	0.05
	城市精神 0.17	0.04
经营者 0.29	公共职能 0.26	0.08
	艺术价值 0.20	0.06
	经济效益 0.14	0.04
	环境契合 0.23	0.07
	城市精神 0.17	0.05
市民 0.31	公共职能 0.26	0.08
	艺术价值 0.20	0.06
	经济效益 0.14	0.04
	环境契合 0.23	0.07
	城市精神 0.17	0.05
外来游客 0.18	公共职能 0.26	0.05
	艺术价值 0.20	0.04
	经济效益 0.14	0.03
	环境契合 0.23	0.04
	城市精神 0.17	0.03

2. 模糊综合评价过程

第一，建立评价对象因素集 U。本书的评价指标一共有五个，所以 U =（公共职能，艺术价值，经济效益，环境契合，城市精神）。

第二，建立评语集 V。对于唐山启新1889项目的改造绩效，建立五个等级的评语集，V =（非常好，比较好，较一般，不太好，非常差）。

在问卷调查过程中,对每一项指标均设定为10分制,因此对于得分0~2分,设定其评语为非常差;3~4分,设定评语为不太好;5~6分,设定评语为较一般;7~8分,设定评语为比较好;9~10分,设定评语为非常好。

第三,建立单因素评价模糊矩阵**R**。访谈各类人员共计200人,模糊关系矩阵就是判断绩效水平的人数比例矩阵。根据问卷调查整理问卷打分数据,见表4-5所示。

表4-5　问卷打分数据

访问群体	评价指标	评语等级				
		非常好/%	比较好/%	较一般/%	不太好/%	非常差/%
规划设计者	公共职能	5	30	60	5	0
	艺术价值	15	70	10	0	5
	经济效益	20	20	55	5	0
	环境契合	10	55	30	5	0
	城市精神	25	60	15	0	0
经营者	公共职能	10	25	30	20	15
	艺术价值	45	50	5	0	0
	经济效益	5	10	55	20	10
	环境契合	20	60	20	0	0
	城市精神	25	30	40	0	5
市民	公共职能	30	30	15	5	20
	艺术价值	20	55	5	15	5
	经济效益	5	60	10	20	5
	环境契合	20	50	15	15	0
	城市精神	35	35	20	10	0
外来游客	公共职能	20	20	50	10	0
	艺术价值	10	65	15	5	5
	经济效益	5	35	55	5	0
	环境契合	20	40	30	10	0
	城市精神	15	60	25	0	0

第四，用 R 表示模糊关系矩阵，P 表示隶属度矩阵，则启新1889项目改造绩效的评估值为

$$P = W * R = \begin{bmatrix} 19.10 & 42.85 & 26.70 & 8.00 & 4.35 \end{bmatrix}$$

基于不同受访群体的具体评估结果如下，改造连续评估结果见表4－6所示。

$$P_1 = W_1 * R_1 = \begin{bmatrix} 13.65 & 47.45 & 34.75 & 3.15 & 1.00 \end{bmatrix}$$

$$P_2 = W_2 * R_2 = \begin{bmatrix} 21.15 & 36.80 & 27.90 & 8.00 & 6.15 \end{bmatrix}$$

$$P_3 = W_3 * R_3 = \begin{bmatrix} 23.05 & 44.65 & 13.15 & 12.25 & 6.90 \end{bmatrix}$$

$$P_4 = W_4 * R_4 = \begin{bmatrix} 15.05 & 42.50 & 34.85 & 6.60 & 1.00 \end{bmatrix}$$

表4－6 启新1889项目改造绩效评估结果

评价层面	评估值					隶属等级
规划设计者	[13.65	47.45	34.75	3.15	1.00]	比较好
经营者	[21.15	36.80	27.90	8.00	6.15]	比较好
市民	[23.05	44.65	13.15	12.25	6.90]	比较好
外来游客	[15.05	42.50	34.85	6.60	1.00]	比较好
整体水平	[19.10	42.85	26.70	8.00	4.35]	比较好

4.2.3 评价结果分析

从运用模糊综合评价方法对唐山启新1889项目所做的改造绩效评估结果来看，四类受访群体均给出了比较正面的评价，评语的隶属等级都位于"比较好"的水平。这说明经过几年时间的构想、谋划、设计与施工，原启新水泥厂的工业遗产再生已经取得了阶段性重大进展，当下的整体景观形象已明显提升，基本获得了公众认同。

从规划设计者的评价来看，对该项目的艺术价值、城市精神和环境契合度赋分相对较高，但认为经济效益和城市功能相对不足。鉴于其专业身份，该观点可以转化理解为启新1889项目在前期设计施工环节上较为出色，而在经营管理和社会效能方面存在短板。该项目的经营商户的观点与规划设计人员类似，只是对经济效益和城市功能指标的评价更低一些，清晰地反映出经营业者认为项目当前的商业状况达不到期望水平。普通市民虽然也指出了上述两个

指标上的问题,但是对该项目在五个指标方向的改造绩效评价相对比较均衡,能够体察到本土居民对工业遗产改造的包容、呵护与期待。从外来游客的评价来看,除了对改造项目的城市精神较为满意外,对其他四项指标的评价都不算理想。

综合以上判断,可以认为唐山启新1889项目经过近些年的积极探索和专题改造,已经在城市工业遗产再生方面取得了相当进展。以水泥工业为特色的博物展陈设施尽量保持了传统风貌,维护了工业建筑的原真性,艺术价值、历史价值和城市精神都得到了彰显,构想的文创产业园区已建成,部分商家落户开业。

目前影响该项目改造绩效的问题主要集中在经济效益和城市功能两个维度,分别对应着改造项目的商业价值和社会责任。由于招商困难,园区的管理方在引进安排经营实体时放松了业态选择、主题契合要求,使得已有商家在经营方向、形象识别等方面不够协调。这样虽然可能取得短期的商业推广进度,但是对原址背景的历史感知和对工业场所的真实体验显然不够,会弱化工业遗产改造项目的本义。实际上,在园区内已经开展业务的文化创意类经营实体仍不丰富,盈利情况也不乐观。在城市公共服务的拓展上,整个地域空间范围欠缺人气,服务对象较少,服务功能不明确,远未形成递进的正反馈情形。

第5章 河北省工业遗产再生的景观效果评价

工业遗产再生是多因素复杂系统,需要多领域支撑。改造之后的景观效果评价需要把环境艺术设计、风景园林、建筑学、工程管理等学科融会到该特定领域,以保证结果的系统性。本书在充分体察实际情况的基础上,以设计理念、功能定位、环境契合、形态尺度、细节处理、节点创意、色彩搭配、选材耐久等景观要素为评价指标,对石家庄、唐山和秦皇岛三个样本城市典型工业遗产改造项目在建成运行一段时间之后的实际景观效果做出全面评价。

5.1 评价范围及架构

当下国内外城市都在深入挖掘工业遗产资源,以延续其文化艺术根脉,实践着再生之路。总体观察,对工业遗产改造相关问题的交叉研究已经成为近些年的学术热点,其中在景观保护与设计领域也已积累了一定成果。在国际经验方面,康琦和赵鸣研究了鲁尔区工业遗产地的景观再生。林晓薇以英国某项目为例,主要使用田野调查技术,将"文化景观"的提法运用其中。针对国内的研究方面,朱文一、刘伯英等依托作为许多再生项目主设计单位的身份,对我国工业遗产再利用进行了全景式解析。关于特定项目的研究,上海、武汉、南通、青岛等近代工业发达的城市天然地成了主要研究对象,其中景观设计往往作为核心组件之一。在面向河北省的相关成果中,唐山因其近代工业摇篮的地位而成为重点,开滦国家矿山公园、启新1889等项目得到了较多关注。

建筑是工业遗产的基础单元,在其改造再生的过程中,应该强调工业建筑的技术美与痕迹美,突出文化元素与工业特色,要促进不同历史时期建筑元素的协调,令其既能满足改造项目的成本预算,又能满足审美标准和功能需求,透过艺术与科技的组合,可以实现工业遗产的环境恢复、景观再造、产业转型和文化重构。对于这些承载着城市历史记忆和区域景观特征的工业遗产,河北省相关城市也选择确定了改造再生的总体路径,很多项目已经取得阶段性成果。景观设计是贯穿整个改造的主要板块,也是延续城市特质的重要表征。但是近年来在改造实践的景观方案中,出现了设计雷同、主题缺失、风格滥用等弊端,削弱了工业遗产改造项目整体绩效中的景观表现。

针对目前河北省大规模的工业遗产再生行动,学术关注点依然是资源赋存调查和改造方案谋划,而对项目改造后的实际运转特别是景观效果,还缺乏监控和测评,急需为后续改进及新建项目反馈信息和提炼经验教训。目前要思考的问题是:河北省工业遗产改造项目的景观营造是否达到了规划初衷和设计预期,是否整体实现了风貌转换,进一步的优化方向是什么。这些都需要对河北省工业遗产改造项目景观效果的阶段性进展做出周期评价、分段测评、信息反馈和综合考量。只有对实际状态和阶段性进展做出全方位的测度和评价,才能在此基础上提出具有可操作性和针对性的景观提升建议,为样本项目优化提供清晰的景观设计指向,并为非样本项目提供范例参考。

根据实地考察、问卷调查的信息反馈及与国外经验的比对,可以比较准确地识别河北省工业遗产再生中景观实际效果方面存在的问题,从而相应确定提升方案。其具体包括按照工业门类、地段特色、客流结构等标准进行调整重组,突出功能特色与项目空间的个性处理;使用新型景观科技元素,如考顿钢等易造型、不易腐的环保材料;强调工业遗产的技术美与痕迹美,突出地方文化元素与特色等。

这里以石家庄、唐山和秦皇岛这三个城市在工业遗产再生的景观实况为切入点,对再生改造项目进行了时间维度和空间维度的背景划分,构建立体的研究谱系,以便有针对性地识别其景观特质。瞄准河北省工业遗产改造中景观设计的当前状态,按照艺术性、传承性、功能性等考核基准,进行整体性绩效评价,总结技术规律和经验,并提出改进方向。通过公共调查问卷和实地考察等形式,广泛征询和吸纳各种评价、意见和建议,准确判断河北省工业遗产改造中景观设计的提升空间,以争取提出包容各方诉求的景观方案。

5.2　石家庄市工业遗产再生的景观效果评价

5.2.1 井陉煤矿

1. 再生背景

井陉煤矿位于石家庄西部,属于我国最早兴建的首批近代煤矿。井陉煤矿的老井架是目前我国仅有的木质机械化开采井架,皇冠水塔是河北省仅有的整体德式风格、德国进口建材的工业建筑;段家楼是石家庄规模最大的欧式建筑群,当年建筑时所用的暖气片和瓷砖均为德国进口,可以说是我国近代煤炭工业建筑的珍品,如图5-1。

井陉煤矿总经理办公大楼始建于公元1905年,是井陉矿标志性建筑之一,现为冀中能源井矿集团矿务局行政办公大楼。大楼为欧式建筑风格,坐西面东,砖石结构,以青石为基,八级台阶呈月牙之形,台阶之上有三孔石拱门洞,二楼有凉台。楼体通高15米,南北长30米,东西宽20米,楼门两侧有百年古藤。此楼既是井陉煤矿政治、经济、文化中心,亦是百年沧桑的历史见证,2001年被列为河北省第四批文物保护单位,如图5-2。

图5-1　皇冠水塔　　　　　图5-2　井陉煤矿总经理办公大楼

资料来源:石家庄发布　　　　　资料来源:石家庄发布

段家楼位于石家庄市井陉矿区南部原三矿境内,由曾任北洋政府总理兼陆军总长的段祺瑞投资兴建,是至今保存基本完好的石家庄最大的德式建筑群,现为国家级重点文物保护单位。段家楼景区由段家楼、段家私人园林、段家地道及正丰矿遗存的井下巷道四部分组成,总占地面积达 16 万平方米。景区现存建筑面积约9 000平方米,主要包括总理办公大楼、小姐楼、公子楼、小偏楼、高级职员住宅、煤师院等。这些建筑设计科学合理、做工精细、结构巧妙,是华北地区不可多得的西洋建筑风格与中国古典建筑艺术完美结合的建筑艺术珍品,加之建筑物周围古柏参天,花坛、绿地、甬道、长廊环抱,组成了一副极为美丽的花园景观。

2.景观效果评价

(1)设计理念:主要目的是为了更加完整地保留和反映当时的历史境况和实际景象。例如对于皇冠水塔,基本上没有改变,仅对一些损毁的地方进行了细小的修缮。南井也基本没有改动,除了不再生产,其他都与百年前几乎一模一样。

(2)功能定位:主要是进行爱国主义教育。段家楼建筑的地上部分可能并不足以让人感叹,但是其地下部分应属精华,四通八达的暗道体现出当时斗争的激烈和人民群众的智慧。

(3)环境契合:整个建筑群是统一建设的,具有导向一致的目的用途,并且已经与周围的大环境经历了上百年的磨合,基本与周边氛围融为一体。

(4)形态尺度:水塔和矿井都属于大尺度建筑,段家楼群也是当时非常气派的建筑,整个矿区的建筑都是比较宏大的,但由于位于矿区,其建筑群与整体游览区的比例尺度比较和谐。

(5)细节处理:皇冠水塔是一座精巧的德式建筑,外形酷似皇冠,在 1915 年由汉纳根建造。水塔内部各种老设备,甚至是当时运输水的管线都保留得非常完好。

(6)节点创意:皇冠水塔外形为八面体(开有 20 个窗口),里边包括内外两层,内层排烟,外层是螺旋台阶,基础及底层是青石砌成的。目前来看,依旧觉得设计精巧、结构奇特,堪称实用和美观的巧妙结合。

(7)色彩搭配:建筑群主要是浅色系为主,白色的墙面,浅灰色石砖构筑的台阶,搭配上深灰色的砖瓦屋顶,色彩的强烈对比更加突出了建筑群的恢宏气派,其细部处理让建筑不失雅致与精细。

(8)选材耐久:整个景区的建筑多采用砖石材料,构筑物多为铁质材料,坚实耐用,可塑性高,使得整个景区建筑留存性和观赏性都大幅度提高。

5.2.2　华北制药厂

1.再生背景

华北制药厂是我国"一五"计划的重点项目,包括苏联援建的抗生素厂、淀粉厂和从民主德国引进的药用玻璃厂。华北制药厂1953年6月启动建设,1958年6月建成,是国内第一个抗生素大型联合企业。因为其当时是苏联援建项目,所以在20世纪50年代建设的老建筑为苏式风格,如图5-3和图5-4。

图5-3　华北制药厂厂区大门

资料来源:搜狐焦点

图5-4　72米高的淀粉塔

资料来源:搜狐焦点

2.景观效果评价

(1)设计理念:目前的改造部分面积较小,仅占可再开发部分的很小比例,从某种程度上讲具有试验性质,准确地说是进行了一定的修缮和简单的改造,达不到再生的程度。可能是由于资金等因素的制约,当下的项目进展程度并不深入,一些改造措施和配备显得较为简陋。

(2)功能定位:华药1958园区是石家庄市第二项基于近代建筑再生的艺术园区。相比较而言,依托1958年投产的华北制药厂部分车间改造而成的华药1958园区更偏向于工业风格。但目前人气不旺,不论是艺术园区的入住率还是后期维护状况都不理想。

(3)环境契合:建筑本身的外立面并未进行大的改动,依然是砖墙结构,部分建筑的外立面被爬山虎占据了大约二分之一。

(4)形态尺度:因为是源于苏式建筑风格,而且是当时的国家重点工程,所以华药1958园区项目的可开发空间是比较大的,原来工业建筑的形态宏伟,适合相应技术处理和艺术加工。

(5)细节处理:一些废弃设备未能妥善处理,随意摆放在厂区内,部分设施明显损坏,院落内多有卫生死角,欠缺清洁维护。

(6)节点创意:淡黄色与浅棕色搭配的外立面,拱券结构保存完好。外立面的正中央镶嵌着一只巨大的表盘,成为华北制药厂的标志。

(7)色彩搭配:灰红色的砖配上灰色的水泥地面,再加上一些钢材料的构筑物,让整个园区看上去有浓浓的工业风格。

(8)选材耐久:红砖相对而言算是比较耐腐蚀的材料。

5.2.3 石焦艺术区

1. 再生背景

1914 年,井陉矿务局建成了我国首家炼焦企业——石门焦化厂,就是后来的石家庄焦化厂。该厂的核心装备是炼焦炉,起先安装的是德国产炼焦炉,所用原料是井陉煤矿的低硫烟煤,焦炭销往东北、华北等地,还供应汉阳铁厂、汉阳兵工厂等。石家庄焦化厂为我国经济发展和石家庄建设做出了巨大贡献,周恩来总理曾于 1959 年到该厂视察。为了保护环境、减少污染和石家庄城市三年大变样的需要,于 2008 年 12 月 24 日正式停产,后改造为石焦艺术区,如图 5-5 和图 5-6。

图 5-5　石焦艺术区大门
资料来源:作者拍摄

图 5-6　艺术区内的纯白艺术空间
资料来源:作者拍摄

2. 景观效果评价

(1)设计理念:将石家庄焦化厂的老厂房进行合理改造,尽量使改造后的整个艺术园区的风格协调统一,兼顾艺术挖掘和商业用途。

(2)功能定位:石焦艺术区根据石家庄对于老焦化厂再生改造的功能定位,满足了商业、休闲等功能为一体的城市休憩商业区。

(3)环境契合:整体建筑与周围的环境融合得很好,园区内有白车轴草、杨树等绿植,高低错落、色彩丰富,从草绿色到黄绿色、紫红色再到草绿色这样一种色彩上的变化,丰富了景区内部建筑使用纯白色的单调。

(4)形态尺度:建筑尺度比例适中,再搭配上园区中尺寸较小的绿植,让人感受到园区整体的开阔度较好,同时又用一些红砖建筑加深了园区的整体历史感。

(5)细节处理:园区内部建筑周围的楼梯栏杆并没有采用普通的水泥或者砖结构而是用的铁板材,通过处理形成带有时间感的铁锈板材和齿轮,增加了园区的艺术性和沧桑感,显示其工业改造的主题,如图5-7。

(6)节点创意:店铺门前多数留有一排较窄的花园,可以让店家种植不同的植物,例如有的店家种植了小麦,有的店家选择月季花,这种类别丰富、自由选择种植的景观让景区自然、休闲和放松的感觉愈加强烈。楼顶上的老机器构建的雕塑成为整个节点的中心,凸显了工业艺术区的视觉趣味,如图5-8。

图5-7　艺术区内楼梯细节
资料来源:作者拍摄

图5-8　老机器构建的雕塑节点
资料来源:作者拍摄

(7)色彩搭配:砖的红色配上素水泥的灰色形成了对比较强的一组色彩搭配,让建筑本身的时代感扑面而来。部分建筑整体刷上了白色,例如纯白艺术空间,包括门前的树木也都刷上了白色,这是一个时常举办艺术展的艺术空间。铁锈板材与白色的搭配让整个建筑园区的时尚感再度提升。

(8)选材耐久:部分建筑采用红砖作为主材,以素水泥和铁板作为装饰,有的建筑是钢框架与玻璃幕墙的结构,以红砖作为点缀。不论是钢材、水泥、玻璃还是红砖都是抗化学腐蚀很好的材料,基本上外界自然因素不会对其产生影响。

5.2.4   石家庄煤机厂艺术园区

1.再生背景

在石家庄跃进路与煤机街交口处,曾坐落着一个庞大的企业"石家庄煤矿机械厂"。该厂于1957年从东北搬迁到石家庄,是原煤炭工业部直属重点骨干企业,主要生产煤矿机械设备等,在跃进路这条石家庄"工厂之路"上十分显眼,甚至它旁边的那条小街都被叫作"煤机街"。目前工厂已搬迁至栾城区,车间、厂房等陆续被租赁,各商家依照工厂特色不断进行创意加工,现如今500多亩的老厂区成为工业文化创意基地,被称为石家庄版"798"。园区内开放最早也最有规模的艺术空间——范硕书画艺术馆呈现为白墙、灰瓦的徽式建筑风格,深受群众喜爱。除书画艺术馆外,"羽毛球馆""古筝学堂""足球俱乐部""文化艺术培训中心""汽车俱乐部"遍布园区,形成文化艺术氛围很浓的产业聚集园区,如图5-9和图5-10。

图5-9   石家庄煤机厂艺术区入口
资料来源:新浪网

图5-10   艺术园区内的涂鸦
资料来源:凤凰新闻

2.景观效果评价

(1)设计理念:将石家庄煤矿机械厂的老厂房进行整合改造,尽量使改造后的整个艺术园区的风格协调统一,兼顾艺术挖掘和商业用途。

(2)功能定位:其主要定位于城市休闲文化综合体,即建成满足商业、休闲、艺术创意、文化培训等功能为一体的城市休憩商业区。

(3)环境契合:厂区整体与周围的环境融合得很好,园区内的绿植景观和工业动物雕塑鳞次栉比、色彩丰富。建筑装饰风格在原有工业风的基础上融合了西方涂鸦和中式瓦片的小范围混搭,显得生动而现代。

(4)形态尺度:景观尺度比例适中,在充分利用了园区树木的情况下搭配上小型绿植,让人感受到园区整体的开阔度和原生态都较为舒适。

（5）细节处理：园区内部对窗子的色彩和造型处理显得庄重又现代，颇有包豪斯的设计风格，黑白红的直线条简洁大方。窗子成为整个园区极具特色的标识，如图5-11。

（6）节点创意：除了园区入口标志性的石头园林雕塑群，园区内遍布工业风雕塑。摇滚音乐人、铁艺动物和朋克风十足的小型雕塑，提升了园区的整体趣味性，也构筑了整个园区的地标性方位图，满足了不同年龄段游客的观赏需求，如图5-12。

图5-11　园区内部改造后的外窗　　　　　图5-12　朋克风雕塑节点
　资料来源：石家庄发布　　　　　　　　　　资料来源：凤凰新闻

（7）色彩搭配：整个园区以深红色黏土砖为特色语言，统一由白色窗框彰显时代气息，加上未经变化的灰色水泥路面，让整个厂区本身的时代感扑面而来。

（8）选材耐久：部分建筑采用红砖作为主材，以素水泥和铁板作为装饰，有的建筑是钢框架与玻璃幕墙的结构，以红砖作为点缀。不论是钢材、水泥、玻璃还是红砖都是抗化学腐蚀很好的材料，基本上外界自然因素不会对其产生影响。

5.3　唐山市工业遗产再生的景观效果评价

5.3.1　开滦国家矿山公园

1. 再生背景

开滦国家矿山公园属于全国首批国家级矿山公园，2005年8月开建，占地70万平方米。其包括两大园区：一是中国北方近代工业博览园；二是前身为唐山矿储煤场的老唐山风情小镇。矿山公园的展览包括煤炭的生成、古代采煤史、开滦煤田、煤炭开采流程及开采史、蒸汽机车史和中国铁路运输史、井下探秘游等。开滦博物馆主楼及园区内井架如图5-13和图5-14。

图5-13　开滦博物馆主楼
资料来源:作者拍摄

图5-14　园区内井架
资料来源:作者拍摄

2.景观效果评价

(1)设计理念:政府引导、企业建设,依托开滦煤矿的矿业文化支撑,集旅游、文艺、科普、地产开发于一体。

(2)功能定位:利用老旧的废弃矿厂改建,让民众能够更好地了解开滦煤矿的发展过程,可以洞悉煤炭、电力相关知识,并在公园内部放松心情。

(3)环境契合:和周围环境融合得比较到位,公园与后面的凤凰山相互依靠,形成一种威严的气势。公园内部雕塑多以铁雕塑为主,造型大多为各种工业零部件的造型,与公园的主题相符合,营造出一种经历了风霜但依然庄严大气的感觉,如图5-15和图5-16。

图5-15　采煤构筑物景观节点
资料来源:作者拍摄

图5-16　利用工业零件组成的
君子图——菊
资料来源:作者拍摄

(4)形态尺度:原建筑遗存尺度较大,让当年留下的老工业建筑的恢宏气势更为突出,钢架结构和混凝土结构使得建筑的完整性较为良好地保存下来。公园内部景观节点设置的疏密适宜、造型新颖,让观众在游览途中不会感到沉闷或是压抑。

(5)细节处理:园区内部需要保存的废旧设备被红砖加固,上方加以顶棚,让设备在作为室外景观节点的同时,也得到了良好的保护。一些废旧的工业零件重构形成了一些新的景观节点。公园内部广场采用了圆形相套、内部菱形的图案,与之前开滦的商标有一定关联。

(6)节点创意:目前矿山公园内的雕塑大多是景区不常见的造型,是由一些有纪念意义的工业设备或者废旧工业零件重构而成的新造型,例如墨香、仙人掌都是典型代表,具有独特魅力,而且为一些废旧设备创造了新的再生方式。废弃煤坑被开发成可以近距离体验井下情况的形式,从博物馆乘坐模拟罐笼到井下,游客可以在导游的带领和讲解下更加直观详细地认知煤矿生产的全程。该方式使游客深度参与其中,并不只是单纯地浏览图片或是观看影像。

(7)色彩搭配:公园以灰色与砖红色建筑为主,使得整个公园具有浓郁的历史气息。地面以浅灰色为主,辅助以一些灰黑色,使得整个地面色彩节奏鲜明不紊乱。其中景观节点多数以黑灰色为主,辅配上红砖块,让整个景区的浏览节奏更加轻快,可以使儿童更好地接受浏览博物馆这种历史感较为厚重的参观过程,同时让游园路径变得更为合理化,具有了更多的选择。

(8)选材耐久:公园保留了许多钢结构物件和大理石碑,多数建筑外立面选用坚固耐久的石材,构筑物大多是处理过的钢结构。实际上,老旧设备的钢结构即便进行处理也不能达到石材的耐久性,由于老旧设备的再利用更有内涵和意义,因此需要园区对这些构筑物给予更多关注,如出现破损要及时修缮。

5.3.2 中国(唐山)工业博物馆

1.再生背景

中国(唐山)工业博物馆坐落于河北省唐山市,由原城市展览馆及周边环境改造而成,占地面积110亩,建筑面积6 000多平方米。其主体是原来的唐山面粉厂粮库,六座粮库与山体垂直,从而打造成有层次的城市空间。六座粮库中,有四座是日伪时期的弹药库,有两座是20世纪80年代建成的粮库。该博物馆系统回顾了我国近代工业发展史,全面展示了唐山近代工业文明,充分地挖掘了唐山工业底蕴。除了展览,博物馆还开设了餐饮、互动体验等场所,成为特色鲜明的专题博物馆,如图5-17和图5-18。

图5-17　工业博物馆前连廊　　　　图5-18　工业博物馆内部
资料来源:作者拍摄　　　　　　　资料来源:作者拍摄

2.景观效果评价

(1)设计理念:园区布局为"一轴、两区"。一轴为唐山百年工业之路文化长廊,两区为室外景观艺术区和室内文博体验区,这样划分有利于功能更加合理。访客在博物馆回顾城市历史后,又能感受城市的日常,这种平衡可以帮助梳理当下的城市化价值观。

(2)功能定位:在讲述唐山工业历史文明、深度挖掘唐山工业精髓的同时,也为周围的市民提供了更为舒适的休憩游玩场所,不但可以体验公共绿地景观,还能感受城市工业文明。在对原建筑进行再生改造的过程中,并没有对建筑结构进行大的调整,只是对局部进行了细微整改。

(3)环境契合:改造后形成的博物馆与周边环境实现了更深刻的融合,与周围的山体相互依存,互为装饰,完美地结合了地形地势。在城市更新背景下,将仓库再生为记载城市工业发展史的博物馆。再生设计使山体有规律地从建筑间隙溢到城市,通过新旧材料对比,对仓库屋顶和门廊进行重构,通过水池及连廊进行整合,透露出整个建筑群的内在美。

(4)形态尺度:博物馆景观场地与建筑物的整体感很强,景观设计较好地融合了旧时建筑与新建场景的关系,后期加建的部分并未显得抢眼或跳脱,而是给人一种历史在缓缓前进的感受,不管是通往工业博物馆主干道的线性结构还是连廊的线条,都加深了这种时光在缓缓前进的感受。访客进入其中就能体验到身心舒缓,会进入一种人与自然、人与建筑和谐共生的意境中,不会存在压迫感和紧张感。整个建筑群前面的一小块空地用草坪与环绕的水池相结合,使游客进入建筑群主干道的过程中不会感到景色单调。新建的构筑和原来的建筑平行,较为狭长,在整体尺度比例上偏小,使得新建设施在形态上协调,不会喧宾夺主。

(5)细节处理:新加建的部分尽可能避免了后面山体的遮挡。对原建筑的屋顶、门廊道进行了重建,使得建筑原先的形态更为突出。新建筑和硬质景观则采用木材和钢格栅作为唯一的外材料装饰,与原建筑的水泥形成了鲜明对比。入园的线性构筑物上,挂有各种关于工业历史文明的小贴士,使得游客在进入园区时能享受科普熏陶。

(6)节点创意:在博物馆的进口处,有一个题为"中国首台蒸汽机车艺术装置"的雕塑,按照1881年唐山生产的"龙号"机车为模板,将近代工业中极具代表性的蒸汽机车放在门口,以展示工业历程,纪念工业历史。建筑重建的顶面延伸出来的部分,以及门廊道加建的部分,使景观的整体视觉效果达到了一种天然的平衡感,使得整个景观的历史延伸感愈加强烈,让旧建筑到新建筑有了一个柔和的过渡。

(7)色彩搭配:主要是水泥的灰白色,并搭配上竹子的本色。灰白色与黄色构成了一种轻松舒缓的色泽主调,同时还点缀了新加入的棕红色和蓝灰色,景区的色彩更加丰富、鲜艳,使得访客不至于觉得过于严肃。

(8)选材耐久:地面有一部分采用防腐木进行铺设,虽然防腐木比普通木头相对好打理,但是目前存在一定程度的损坏现象,不过尚未影响整体使用。遗留下来的水泥是较为坚实的一种建筑材料,但是也不难看出时间留下的斑驳印记,如图5-19和图5-20。

图5-19　库房正面观景平台

资料来源:作者拍摄

图5-20　博物馆外地面铺装

资料来源:作者拍摄

5.3.3　启新 1889 园区

1. 再生背景

启新水泥厂的前身为始建于 1889 年的唐山细棉土厂。唐山大地震使启新水泥厂被毁坏,应珍惜剩下的工业建筑。启新水泥厂是我国首家水泥厂,记录着行业历史文化。改建后的启新 1889 园区具有后现代风格,里面有画家工作室、动漫公司、文创空间与餐饮设施。其总平面图如图 5-21 所示。

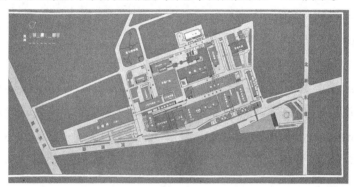

图 5-21　启新 1889 园区总平面图
图片来源:作者拍摄

2. 景观效果评价

(1)设计理念:启新水泥厂老厂址是有较大影响力的著名工业遗产,被保留并改造的主要指向是文化创意产业园区。在基本维持原有厂区风貌的基础上,尽力展现曾经的大工业雄风,在存史留念的同时实现与现代经济社会的交融。

(2)功能定位:在启新水泥厂原址再生而成的 1889 园区不仅是体现城市近代工业文明的重要标志,也正在助力城市文化旅游产业,促进城市升级。其以前卫、创新的概念,搭起了唐山年轻的国际艺术平台,力争在社区性文艺活动中心和展演活动中心的基础上进一步成长为区域性的文化创意活动聚集地。

(3)环境契合:该项目完整地留存了原来的工业建筑,即使一些残损建筑也没有被拆除,而是加以适应性地修缮。访客在此处会强烈地感受到时光的气息,那种繁荣与沉寂的强烈对比。

(4)形态尺度:新加建的部分为细长状的建筑,高度和建筑造型与周围的旧建筑相仿,采用尖屋顶的方式,在比例尺度上也如旧建筑一般庞大,令人联想到当年的工业辉煌,如图 5-22 和图 5-23。

图5-22　1976年大地震震毁的部分厂房　　　图5-23　水泥仓桶改建的美术馆
　　　　资料来源:作者拍摄　　　　　　　　　　　资料来源:作者拍摄

　　(5)细节处理:有的旧有建筑立面并未采取大多数工业遗产改造的办法,即直接沿用原建筑,而是把以前的旧建筑外立面当作一个景观放在室内保存。该做法目前并不常见,但是却能在很大程度上减少安全风险。

　　(6)节点创意:园区内处处可见水泥厂原先的废物利用,以这样的方式保存了百年老厂的根脉,具体包括废旧设备、金属零部件等。

　　(7)色彩搭配:建筑的主色调为灰色系,并没有非常抢眼的艳丽颜色,甚至于主体上的红砖都有一层灰色,无声诉说着唐山这座城市所经历的故事。新加盖的顶棚采用的是黑钢为主、玻璃材料为辅的结构,很好地与之前的建筑色调相吻合。黑色与红色搭配稳重大气、配色经典。

　　(8)选材耐久:保存下来的建筑物多为红砖结构,其坚固耐久性与其大多数的钢筋混凝土建筑相比略显不够耐久。加建的构筑物都是耐久性好的材料,例如钢板、混凝土、玻璃等。

5.3.4　唐山地震遗址纪念公园

1.再生背景

　　唐山地震遗址纪念公园2008年建成,前身是唐山机车车辆厂铸钢车间的地震遗址。地震时该厂房正在震中位置,现存遗迹是南北向的厂房,除部分立柱扭曲,四周墙柱都倒塌了。目前的唐山地震遗址公园以原车辆厂的钢轨为纵轴,以纪念大道为横轴,包括地震遗址区、纪念水区、纪念林区等,如图5-24和图5-25。

图 5 – 24　原机车车辆厂的钢轨　　　　　图 5 – 25　纪念林一角
资料来源:百度百科　　　　　　　　　　资料来源:百度百科

2.景观效果评价

(1)设计理念:唐山地震遗址纪念公园的设计宗旨是敬畏自然、关爱生命、探索科学、追忆历史。公园中包括用原来的旧厂房再生而成的地震科普馆,使用巨大水池与天空一起构建出思索人与自然关系的题材,以及树林的设计都表达了生命的象征和纪念意义。

(2)功能定位:地震遗址公园能够为当地民众供给一个纪念抗震、爱国主义教育及防震减灾宣传科普的合适区位,是唐山市的窗口单位。近年来,地震遗址公园成为"全国红色旅游经典景区"和"国家防震减灾科普教育示范基地"。

(3)环境契合:地震之后的原唐山机车车辆厂的建筑基本被毁坏,只留下了被损毁的铁路轨道。因此地震遗址纪念公园大多数的构筑物都表达出一种被损毁的感觉,让人有些许的压抑与沉默。周围的树木设计也表达出生命的象征,让人在痛楚中可以得到情感的释放和安慰。景观节点多是搭配以正面的、救援形象为主的雕塑。

(4)形态尺度:构筑物比较粗犷,让人能直观感受到地震之后那种满目疮痍的悲凉感,但同时奋力救援的建筑雕塑又能让人们在感受到悲凉时,也有希望的种子在发芽。

(5)细节处理:广场上雕塑、空地、水面都是一些大尺度的设计,寓意美好而又充满希望的生活终会到来。园内的纪念水池很大,池内的石材及青铜雕塑显示了唐山人民英勇抗震救灾的场景。

(6)节点创意:扭曲的铁轨被浸泡在水面中,水中不光有被扭曲的铁轨还有象征着唐山人民家园建筑的碎石,一同被泡在水中,提示大家珍惜美好的现实。

(7)色彩搭配:公园主体色调呈浅灰色,搭配上深灰色的点缀,四周有绿色的植被衬托。公园空间富有延展性,具有层次感,通过色彩的强对比,整体感觉静谧又不失严肃,符合该项目的主题定位。

(8)选材耐久:选用了耐久性优秀的大量石材,裸露在室外、经受着风霜的洗礼也会保持稳定。

5.3.5　华新公园

1.再生背景

唐山华新纺织厂始建于 1918 年,1922 年 7 月投产,是国人创办的新兴企业,所以取名为"华新",当时是冀东地区最大的纺织企业。2006 年,企业关闭,华新纺织厂最终成为回忆。2011 年,华新纺织厂的原址改造加入环城水系工程。唐山环城水系整合城市水资源,打造了大型的闭合水系。再生改造后的华新公园不仅成为唐山环城水系的重要组件,还是承载着许多老一辈纺织工人记忆的处所,如图 5 - 26 所示。

图 5 - 26　华新公园主入口

资料来源:新浪网

2.景观效果评价

(1)设计理念:在唐山建设环城水系这个系统工程的框架下,改造利用华新纺织厂的旧厂址,打造成一个可供居民休闲活动的公共场所。基于原来老厂区布局,华新公园的再生改造包括两项主要内容,分别是圆形硬质铺装和方形硬质铺装。

(2)功能定位:通过华新公园的建设,一方面形成一个便于市民活动的广场空地,另一方面也让华新纺织厂的老员工能有一个寄托心理情感的载体。

(3)环境契合:华新公园与周围的环城水系形成了良好的呼应,河流与陆地衔接较为自然,有着柔和的衔接效果。

(4)形态尺度:硬质铺装路面的尺寸大约占了公园的三分之一,这样让公园的游园小路可以很好地根据绿植的变化来进行调整,令整个公园趣味性上升,给市民提供了休息游玩的场所。

(5)细节处理:公园中心的硬质铺装为了适应附近较多老年人的实际需求,特意安装了有一定装饰效果的弧形景观,可以供人们小憩。

(6)节点创意:公园中修建了56根民族柱,使得人们在游园小路行进的过程中可以观赏一下柱子,老人带着孩童在公园游玩时,还可以给孩童进行科普。挨着河岸的一边修葺了人工石墙,不光可以在一定程度上起到装饰作用,同时还能起到一定的安全防护作用。

(7)色彩搭配:公园小路地面的颜色采用了红绿相间的带状铺设,红色和绿色地砖产生了强烈对比,使得道路分区明显。绿色的砖块与周围的绿地有一定的衔接作用,形成了弱对比。

(8)选材耐久:公园内采用的基本都是耐久性很强的石材,并与一些耐久性不错的砖块进行了搭配,公园的大花坛也是耐久性不错的陶瓷仿砖贴片。

5.3.6 唐山陶瓷公园

1.再生背景

唐山陶瓷公园在弯道山附近,占地大概200亩。2015年,唐山市路北区投入1.7亿元建设陶瓷公园,现在大部分已完工。唐山陶瓷公园的原址是嘉顺煤矿采煤沉降区,经过再生改造,现在的陶瓷公园内宽阔平整的水泥路面蜿蜒曲折,有90多亩的湖面,中心岛全面绿化,四周各类景观苗木整齐排列,是唐山市又一化腐朽为神奇之地,如图5-27和图5-28所示。

图5-27 唐山陶瓷公园的磁葫芦
资料来源:百度百科

图5-28 唐山陶瓷公园的陶瓷灯
资料来源:百度百科

2. 景观效果评价

(1)设计理念:将嘉顺煤矿采煤沉降区进行绿色升级和功能转化,突出唐山作为中国北方瓷都的称号,打造陶瓷文化主题的工业遗产再生项目。

(2)功能定位:使市民可以更好地感受到唐山这座城市所独有的陶瓷魅力,并且将嘉顺煤矿采煤沉降区进行了优化升级。

(3)环境契合:给周围的民众提供了游玩休闲的空间,非常符合当地社区的公共环境诉求。整个公园的景观衔接处理很到位,并没有因为公园之内遍布瓷器而产生突兀感,而是恰恰有一种人类智慧结晶与自然和谐相处的美感。

(4)形态尺度:公园内部陶瓷的景观节点大小适中,比例协调。

(5)细节处理:陶瓷元素运用在了各种细节之处,例如照明所使用的灯具设施全部采用与陶瓷有关的灯具,其中一种灯具的支撑杆也全是陶瓷,上面绘制的图案栩栩如生。

(6)节点创意:公园内部有一处非常有名的陶瓷葫芦,像这种完整的陶瓷景观节点在室外景观中并不多见,一般陶瓷都是作为室内景观点缀来供人们参观欣赏的。

(7)色彩搭配:由于大部分的灯具颜色比较素,以蓝白色为主,辅以灰色,因此其景观节点多采用鲜艳的颜色来丰富公园内部的色彩搭配。

(8)选材耐久:陶瓷虽然在面对恶劣天气时不容易产生化学反应,但其本质还是属于易碎品,因此在日常维护过程中会存在一定困难与麻烦。

5.3.7 唐山陶瓷厂

1. 再生背景

唐山陶瓷厂位于汉斯故居博物馆院内,目前仅存一栋办公楼。老唐陶办公楼始建于1951年,1986年被列为唐山地震遗迹重点保护项目之一,1993年被列入河北省文物保护单位。现在办公楼的一层为游客接待中心及办公区,二层为众创孵化基地,如图5-29和图5-30所示。

2. 景观效果评价

(1)设计理念:鉴于该项目的工业遗存体量较小、类型单一,所以要尽可能地保存老建筑,对于这种历史悠久的老建筑要尽可能减少商用。

(2)功能定位:一方面尽量保持原有结构的完整性,另一方面工业建筑遗产应结合当代社会。

图5-29　办公楼铭牌

资料来源:作者拍摄

图5-30　游客接待中心的洗手间

门牌为中、英、德三国文字

资料来源:作者拍摄

(3)环境契合:主体建筑与园区内其他构筑物及外围的大城山等环境比较契合,风格统一。

(4)形态尺度:老办公楼在整个园区中比例略大,相对而言产生了一定的拥挤感。

(5)细节处理:不管是办公楼的门框、窗框还是装饰的小砖块,甚至连户外的铁楼梯的色彩都是一致的,使得整体建筑色调统一、美观大方。

(6)节点创意:在老办公楼的旁边加建了一栋玻璃材质的构筑物,神似法国卢浮宫广场的玻璃金字塔,为整个改造项目增添了时尚感。

(7)色彩搭配:建筑的主色调为白色,点缀以棕红色的门框、窗框,其中立面的装饰瓷砖采用棕红色,深浅搭配对比强烈,配色经典。

(8)选材耐久:建筑的外立面沿用之前的材料,基本上做到了修旧如旧,新建加入在其中的一些材料也都是以水泥等为主,对于抵抗外部环境能做到很好的物理屏蔽。

5.4　秦皇岛市工业遗产再生的景观效果评价

5.4.1　西港花园

1.再生背景

秦皇岛西港花园是河北港口集团推进转型升级、建设国际旅游港的起步项目,涵盖秦皇岛港大码头、甲码头、乙码头、南栈房等,主要景观都是从废弃的港口建筑及相关设施设备再生得到,是秦皇岛港口遗产再生的代表性实践。2018年4月,河北省第一次国际规划设计邀请赛在秦皇岛举办,依照把秦皇岛港西港建成"国际旅游港、国际邮轮港"的新定位组织方案设计。组委会邀请了6个设计团队,各自设计西港及秦皇岛市的转型模式,以设计的力量牵动城市更新。2018年8月,依托原来秦皇岛港西港再生改建而成的西港花园对游客开放,意味着走过120年风雨的秦皇岛港正在揭开战略转型的序幕,老码头的功能转换全面启动。

2.景观效果评价

(1)设计理念:西港花园的规划非常符合秦皇岛的城市定位与实际需求,把一些对环境影响大的散货码头进行整改,保留了许多旧有的工业建筑;对部分老建筑的外立面进行修复,对部分生产设施进行了改造,并精心打造了众多景观节点;在这些旧有建筑遗产中注入时尚素材,优化了景观结构。在整体规划上,对秦皇岛港老港区的再生改造不仅推进了产业升级,也使秦皇岛市的综合环境得到了进一步的提升。

(2)功能定位:以"港口城市"为轴线,参考借鉴国际知名港口城市,展开适合港口城市的规划设计,使城市更新和建筑创作向深度拓展,建设滨海新城,打造传统港口转型范例。

(3)环境契合:西港花园依托周围环境进行再生改造,在特色海上航线和吸引国际游客个性化旅游等业务中,充分发挥了自己的海岸线优势。在绿植方面,采用了黄杨、大叶黄杨等北方常见的植被种类。

(4)形态尺度:西港花园在形态尺度上把握得比较到位,整体统一协调,局部存在细节变化。以海誓花园和游船码头为例:纵向上,高低错落有致,几栋建筑起伏变化;横向上,并没有一味地延展建筑,让其变成没有特色的"一"字形建筑,而是依据地形地势变化,让建筑之间存在着一些微妙的夹角。

(5)细节处理:由于西港花园面积较大,因此指路牌尤为重要,西港花园在指路牌的设计方面非常细心,标注非常清晰,在位置安排上能够精准满足游客需求,游客在游玩过程中不至于因为花园面积大而错过自己心仪的景点。建筑外立面保存完好,对于一些因时间久远而不可避免的损坏进行了细致修补,使整个景区在绿色和谐的氛围下流露出历史的古朴感和厚重感。

(6)节点创意:火车站——"开埠地站"并没有采用以往的闭合式,而是选择了开放式设计,将观景效果的优势全景展现。周边的铁路花海充分利用铁路优势,衬托出园区内部风格迥异、特色鲜明的铁路机车,使景点的可观赏性、铁路主题性更加突出。

(7)色彩搭配:部分构筑物的顶棚采用了与红砖色彩相近的红色顶棚,符合秦皇岛市建筑顶部色彩的要求。部分建筑立面选择了蓝灰色调,与大海的色彩形成了软对比,使整个建筑的色调与自然的海天色彩相互交融、和谐统一。景观节点多数采用了鲜亮的颜色,强调了美观性和节奏性。

(8)选材耐久:部分构筑物和植物护栏选取防腐木作为主材,景观内建筑物的节点支撑优先选用热轧或冷弯型钢,以应对沿海地区易腐蚀的特点。

5.4.2　秦皇岛玻璃博物馆

1. 再生背景

被称为中国玻璃工业摇篮的耀华玻璃厂1922年设立。2008年,秦皇岛耀华玻璃厂退城搬迁。在耀华玻璃厂遗址的基础上建设的秦皇岛玻璃博物馆占地面积11.25亩,建筑面积2 822平方米,包括展览区、遗址公园和主题餐厅。2012年8月秦皇岛玻璃博物馆对外开放,已接待大量访客,成为涵盖展示、科普、休闲等多重功能的公共设施。秦皇岛玻璃博物馆的布展包括"古代玻璃及发展""中国玻璃工业摇篮""中国当代玻璃工业"和"璀璨神奇的玻璃世界"等区域。几年来,秦皇岛玻璃博物馆以其丰富精致的专题展陈被社会广泛关注,如图5–31和图5–32。

图5–31　秦皇岛玻璃博物馆入口及主楼　　　图5–32　秦皇岛玻璃博物馆园区鸟瞰
　　　　资料来源:作者拍摄　　　　　　　　　　　资料来源:百度百科

2. 景观效果评价

(1)设计理念:记载秦皇岛过去的历史、普及与玻璃相关的科学、打造玻璃产业的精品、更好地服务于社会。秦皇岛玻璃博物馆完整保存了原来建筑物的外立面,对屋顶进行了维护,基本维持了法国哥特式建筑的风格。其在修缮过程中根据功能需求,加建了一栋外观相似的同色系建筑,但并不突兀。

(2)功能定位:玻璃历史和文化的博览场所,玻璃艺术品收藏中心,城市工业文明的展示窗口,行业交流合作平台,城市工业旅游目的地。

(3)环境契合:因为没有对建筑外观进行大的改动,只是进行了适度修复,加建部分采用了一样的建筑造型,也是红色立面、黑灰色顶面,与周围环境契合度较高。博物馆院落内部的绿化环境符合北方沿海地区的绿化要求。

(4)形态尺度:其主要建筑尺寸比例协调,景观设计得简洁大气,但是感觉整体颜色偏于单调及绿植偏小,其中整体景观平铺直叙,景观节点的设置不是很突出。

(5)细节处理:在修缮的过程中,对于法国哥特式建筑外观的细节保留到位,例如对原水塔的拱券结构保留完整、修缮精致,水泵房的水池形状也很好地保留了下来。

(6)节点创意:园区内的路线规划非常有创意,并不是一条路直通到底,而是运用了直角的转折,这在园林景观的设计中并不多见,一般路线多为主道直通到底,次道接通各个景观节点。由于秦皇岛玻璃博物馆面积不大,不太适用主流的景区路线设计,因此设计者提出了这种满足多功能需求的游园路径。这种直角转弯方式在增添园区趣味性的同时提升了整个园区的和谐程度。

(7)色彩搭配:延续了传统的红砖黑瓦的建筑配色,植物多为绿色植被,整体色彩感略显单一,与进入馆内之后的花窗玻璃、各色的制作精良的玻璃摆件等形成对比,如图5-33和图5-34所示。

图5-33 秦皇岛玻璃博物馆   图5-34 秦皇岛玻璃博物馆展陈空间
门厅彩色玻璃窗   资料来源:作者拍摄
资料来源:作者拍摄

(8)选材耐久:在使用过程中新建筑的陶制砖比之前老建筑的红砖更能抵抗各种自然因素及其他有害物质的作用,能长久保持其原有状态。

5.4.3　秦皇岛港口博物馆

1.再生背景

伴随着全球性的产业结构调整,城市产业重心从制造业转向服务业,港口也加速从城市中心地段迁出。城市发展必须得到空间的支撑,废弃港区往往因为处在城市中心区而适合在城市更新的框架下进行再开发。2008年,秦皇岛港初步构想"西港东迁"规划,谋划老码头的综合改造。根据河北省对秦皇岛的城市定位和"以城定港"的原则,秦皇岛港正在有序推进由煤炭大港向国际旅游港的转变,将煤炭运能逐步外迁,努力培育邮轮母港,谋划与滨海旅游相关的游艇、海上实景演艺等方向,助力秦皇岛建成一流的沿海旅游城市。秦皇岛港口博物馆地处海港区,占地3 000多平方米,位于原开滦矿务局秦皇岛高级员司俱乐部旧址。港口博物馆包括室外、室内展厅两部分,展陈内容丰富,技术措施多样。室外展区主要有20世纪八九十年代秦皇岛港集疏运主力机车——"上游1115号"蒸汽机车,如图5-35所示。

图5-35　秦皇岛港口博物馆园区入口蒸汽机车
资料来源:作者拍摄

2.景观效果评价

(1)设计理念:在尽量维持原建筑风格的基础上,提炼秦皇岛港的百年发展史,挖掘秦皇岛港的文化内涵,体现秦皇岛的港城文化脉络。在留存原来建筑外貌的基础上,在外部景观处理上又加入了蒸汽火车、船锚等交通运输元素,使港口的形象得以凸显。

（2）功能定位：港口领域的专业特色博物馆，系统展现了秦皇岛港建设发展的全景，集展示、科普、收藏、旅游和学术研讨等功能为一体。

（3）环境契合：在建设博物馆围栏时采用了仿红砖的陶瓷贴片，院内雕塑身后的灰色建筑采用的是素水泥加大块石料方式。院落门口的地面铺着一百多年的开滦缸砖，这种砖质地坚硬，耐水、耐腐蚀性好，当时在天津租界、上海海关大楼及香港九龙码头都大量使用。

（4）形态尺度：虽然博物馆占地面积不大，但其室外有曾经的港口集疏运的主力机车——"上游1115号"蒸汽机车、百年老砖开滦缸砖铺设的参观路线、曹操《观沧海》汉白玉浮雕及"锅伙"雕塑群景观。如图5－36、图5－37和图5－38所示，设计尺寸比例适宜，整体景观与建筑协调统一，较好地营造出了港口特色。

图5－36　开滦缸砖　　　　图5－37　水泥桌椅　　　　图5－38　雕塑群
资料来源：新华网　　　　资料来源：河北频道　　　　资料来源：河北港口集团

（5）细节处理：博物馆院落内进门便采取了极具特色的开滦缸砖铺设，院落围栏部分采用了仿红砖的陶瓷贴片处理手法，使得加建的围栏部分并不突兀，很好地与建筑相结合。

（6）节点创意：用以反映旧社会单身码头工人生活的"锅伙"雕塑群用现代工艺体现出了过往的历史生活状态，让现时与过去碰撞出有趣的火花。书法家范增写的曹操《观沧海》汉白玉浮雕被镶嵌在红砖影墙上，再一次加深了秦皇岛港城的历史厚重感。

（7）色彩搭配：立面采用的是红砖与素水泥结合，灰色和红色搭配，屋顶面为砖红色，地面为与素水泥同色的灰砖组成，使得整个港口博物馆色调高度统一，避免了暗沉。各细部景观的颜色与主色调比较统一，室内也采用了相似的主色调，红棕色地面、白色墙壁及暖黄色灯光，都使得博物馆的厚重感更加凸显。在一些需要避光储存的文物上，博物馆选用了红绒布的避光窗帘，使得参观者的情感更加容易投入其中,沉浸在秦皇岛港口的发展历程中。

(8)选材耐久:构筑物上的仿红砖陶瓷贴片能较好地抵抗各种自然伤害。素水泥与石料的选择也进一步说明了设计者在选材耐久性上的慎重考虑。

5.4.4　1984文化创意产业园区

1.再生背景

1984文化创意产业园区的前身是邦迪管路系统公司,这是秦皇岛经济技术开发区在1984年组建时的首家外企。2012年公司搬迁后,原来的厂区一度空置。2016年,秦皇岛经济技术开发区在老厂区工业遗迹的基础上,将其再生为覆盖文创、会展、旅游等多功能的园区。鉴于秦皇岛在1984年成为我国第一批沿海开放城市,就把园区称为"1984文化创意产业园区"。

园区在秦皇岛经济技术开发区,占地30亩,对老厂区开展了系统性改造,在维护工业风痕迹的基础上,建设富有文旅特色的产业聚集区和旅游基地。项目自2016年10月启动,已经有大批企业入驻,包括创意设计类、文化艺术类、创意体验类、特色餐饮类和培训咨询类项目等。园区打造了渤海湾文化旅游众创空间,充分利用高校资源,建立了城市公益书吧、园区特色书吧、创业路演厅、创业交流空间等项目,积极孵化大学生双创项目,如图5-39和图5-40。

图5-39　园区入口
资料来源:作者拍摄

图5-40　铸铜空间改造的陶瓷
体验中心
资料来源:作者拍摄

2.景观效果评价

(1)设计理念:景区旧有建筑的外立面进行了整体规划和统一改造,建筑结构并未改变,只是对原有建筑的外立面进行了色彩调配,在老厂房的稳重中注入了许多年轻人特有的朝气。

（2）功能定位：为培育发展当地的文化创意产业，秦皇岛参照北京798艺术区，模拟其艺术生存条件，又结合了自身的区位和政策优势，努力引进大学生创业项目，为再生后的园区带来了不一样的生机与活力，受过系统训练的从业者增添了园区的艺术气息，而且园区内部也有旅游相关业务入驻。

（3）环境契合：进过再生改造的1984文化创意产业园区与周围的老建筑有类似的构架，给访客提供了一脉相传的建筑质感。在艺术情感的表达上，园区内的各个从业者往往有自己独特的想法，例如撷秀园以店家自身的茶文化和台湾柴烧文化体验为结合点，在统一的建筑外立面上加筑了中式屋檐。

（4）形态尺度：因为之前是工业用房，相对而言尺度较大，建筑楼层不高，其中一些保留下来的工业建筑设备较为高大，形成一种房屋与工业设备高低错落的层次展现。

（5）细节处理：一些老旧设备保养不错，并且按照最初的颜色进行了修缮。翻新的建筑在结构方面保护到位，并且运用了新技术与新材料的结合，使得整个园区风格统一鲜明。

（6）节点创意：园区入口处摆放了一组巨大的自行车结构的景观节点，以黑色、正红色完成了整组景观，并且突出了园区的LOGO和名称。各店面的门脸设计很有特色，例如穿云箭馆门脸的设计，使用一些处理过的金属板材横向拼接在外立面前方，既没有扭曲建筑外立面的整体形象，又为园区注入了不一样的元素。

（7）色彩搭配：整个文化创意产业园区以米白色、浅灰白色为建筑主体颜色，用少许高纯度、高明度的色彩进行装饰，形成了强烈对比。

（8）选材耐久：新修缮的建筑外部材质主要有两种，一种为镂空的金属板材，另一种是新涂层，这些处理方式都比较坚固耐久。

第6章　河北省工业遗产再生的动漫产业支撑

产业支撑是推动和实现工业遗产再生改造目标的必备条件,如果缺少适宜的产业活动的填充和支撑,工业遗产再生往往难以持续。在产业方向上,文创领域是各国各地工业遗产再生的一个主导领域。产业和文化艺术相辅相成,在工业遗产土壤上正在生长出多元的文创产业之花。在工业遗产再生改造项目的多维空间中,越来越多的文化艺术展览在园内展出、越来越多的文化创意在这里碰撞。文创资源完全能够通过工业遗产项目的共享平台,在网游、电竞、动漫制作等方面开辟出值得期待的空间。

河北省在动漫产业及相关活动方面,有一定的基础和特有的优势,完全有可能将动漫产业发展与工业遗产再生事务紧密结合,在借鉴国外先进经验和整合京津冀资源的导向下,使动漫产业成为河北省工业遗产再生的坚实支撑。

6.1　动漫产业集群的特征与国际经验

6.1.1　引言

动漫产业是对动画、漫画和网络游戏、相关娱乐和艺术及各种衍生产品的统称,它具有消费群体广、市场需求大、艺术内涵丰富、产业关联度大等诸多优秀特质,属于战略性新兴产业。以动漫艺术为代表的当代文化创意产业已成为各国促进产业升级、驱动经济社会发展的新引擎。近几年,我国的动漫产业发展也已上升为国家战略,在产业发展序列中处于优先地位。在"十二五"规划中,包括动漫在内的文化产业得到了高度重视。集群是同一价值链中运营的独立组织在地理区域内的集中,产业集群理论近期被应用到了动漫领域,得到越来越多的学术关注。

动漫产业集群是以动漫艺术及衍生品为中心形成的一系列具有较强相关

性,并且在地理空间上相互接近,能够产生较大外部经济性的产业集合,这是培育动漫产业的恰当形式。各国动漫产业集群的形成和演进表现出不同的特点,不同国家在具体做法和经验方面也具有较大差异。通过对多个国家动漫产业集群的形成路径及绩效差异进行比较,有助于归纳更具一般意义的规律。因此,系统分析动漫产业集群的各项特征,总结先进国家动漫产业集群发展的实证经验,可以为厘清我国动漫产业发展模式和路径提供重要启示。下面先提炼动漫产业集群的特征,然后分别以美国、日本、加拿大为例揭示发展动漫产业集群的成功经验。

6.1.2　动漫产业集群的特征

1. 高技术指向

高技术指向主要是利用数码电脑技术进行投资生产,借以实现精美的画面和逼真的场景,形成富有感染力的效果。美国在动漫技术方面一直在全球处于领先地位,2004 年迪斯尼公司关闭了其在佛罗里达州的最后一个传统手工动画室,美国由此全面进入了三维动画时代。高技术创造了美国动漫产业一个个鲜活的形象,续写着美国动漫业的神话。

2. 品牌经营

动漫企业的资金和技术比较密集,投资规模和产出规模大,具有严密的合作分工网络。如美国动漫大企业在资金上的强势逼迫其他竞争对手退出动画电影大片市场,从而确保了美国在动画电影上的绝对优势。名牌领军企业成为美国主宰全球动漫产业的强有力保证。

3. 区域依托

动漫产业的发展与地区政策、城市及周边腹地经济状况、科技状况密切相关,所以各地区培育动漫产业具有不同的区域色彩,动漫产业集群发展对其所处地域的文化氛围、高校人才培养方向、产业基础、经济政策等方面有很强的依托性。

4. 高度开放

从供给角度看,动漫产业发展投入的资本、劳动等生产要素很多是由其他地区流入或转移而集聚形成的。从需求角度看,域外市场也是主打方向,特别是对于服务外包的情形。在全球要素流动和产业转移背景下,各类型的相关动漫企业会在特定地区集聚。

5. 多维互动

动漫产业集群内的不同企业之间存在一定的分工、竞争和协作关系，在产业升级、技术进步和提升服务功能等方面存在互动性。在集群中享有共同的资源可以降低企业的交易成本，而不同动漫企业间合作的缺乏则会阻碍有助于增强整体竞争力的战略的形成和实施。

6. 复式集群

产业集群往往具有专业化性质，通常以某个产业或相关产业为核心。而动漫产业集群的产业覆盖面与众多门类交错，属于复式集群，因而动漫产业集群成为若干个专业化产业集群的复合体。比如在此产业集群中，会同时存在影视制作产业集群、游戏制作产业集群和动漫衍生品产业集群等。

6.1.3　动漫产业集群发展的国际经验检视

全球动漫产业的整体发展水平可分为三个梯队：第一梯队为美、日、韩，在动漫界呈三足鼎立状态；第二梯队为英、法、加拿大等国；第三梯队为中国、印度等发展中国家。主要发达国家在动漫产业集群培育方面具有许多值得借鉴的方法和思路，为我国提供了丰富的经验证明。

1. 美国模式：影视捆绑动漫集群模式

美国的动漫产业大多以影视业为依托，如著名的动画专业制作企业皮克斯工作室、PDI 工作室、蓝天工作室都聚集在梦工厂、福克斯公司附近，如图 6−1。美国动漫企业与旗舰式影视企业强强联合打造了美国动漫产业持久发展的独有模式。具体讲，主要有下面三个特点：第一，美国动漫产业集群充分运用了好莱坞"片厂制度"优势，将动画制作变为生产线，极大提高了动画制作水平与工作效率，缩短了制作周期，大大降低了制作成本与投资风险。美国动漫产业的许多成功案例就是依赖动画电影中的卡通明星的成功，再进一步开发动画明星的商业价值。动画电影在美国动漫产业中起到了领头羊作用，而成熟的电影业和商品化市场的催化又提供了制度基础。第二，完全市场化。通过完善市场运作机制，形成了以迪斯尼等公司为首的关联企业分工合作体系，合理分配了动漫产品的制作、发行、播映和衍生产品等活动过程的商业利益，形成了以影视动画、漫画和音像制品、衍生品和主题公园三位一体的产业模式。第三，国际化的品牌战略。近十年来，美国影视动画的海外市场成倍增长，其中 2/3 的票房靠海外市场实现。比如迪斯尼公司的轮次收入盈利模式，即第一轮动画制作放映收回成本，第二轮迪斯尼乐园全球开放扩大消费，第三轮衍生品全球专卖店品牌授权连锁经营。

图 6-1　美国加州 Pixar 工作室前的标志雕塑

资料来源：360 百科

2. 日本模式：AGC 动漫集群模式

素有"动漫王国"之称的日本，将动画片、电子游戏和漫画形成一个经济整体——AGC（Anime，Game，Comic），立体式、全方位发展动漫产业。日本动画制作公司和漫画出版社、广告代理公司、电视台、电影发行公司、音像公司、游戏开发公司及各种衍生品开发商共同协作，组成动漫产品生产、发行、销售环环相扣的产业链条。日本 80% 的动漫企业、工作室和漫画家都聚集在东京。东京的秋叶原以前是消费类电子产品的集中售卖场所，如今随着日本动漫产业的崛起而形成了一个时尚的"动漫文化圈"，如图 6-2。2006 年 3 月，秋叶原的 UDX 大楼落成，成为日本动画中心和产官学协作体制的基地，包括设计博物馆和尖端知识园地，由新成立的新产业文化创作研究所经营。入驻 UDX 的还有日本知名的数码培训学校 Distal Hollywood，在秋叶原专门培养动漫人才。这里吸引了全球各地的动漫爱好者前往参观、购物、娱乐、消费，进一步延续了动漫产业的本地价值链。秋叶原已成为东京最新的尖端科技、媒体和新艺术结合的试验场和研发基地。

日本的动漫产业集群发展依托的是以"漫"制"动"的独特路径。从 20 世纪五六十年代第一部电视动画片《铁臂阿童木》开始，日本逐步形成了漫画连载—动画电视—衍生品开发的商业模式。就是以杂志上受欢迎的漫画为蓝本拍摄动画片，培养固定消费群，减少动画改编的投资风险和动画设计的投资成本，再通过影视媒体的强大传播平台，扩大动漫形象的影响力，然后通过版权交易，使动漫形象拓展到食品、玩具、服装等衍生品领域。日本动漫产业发展的另一特征是通过动漫大师和大型动漫公司释放品牌效应。日本一些著名的动漫大师、动漫制作公司对于整个行业的发展起到了非常明显的提升引领作用。例如东映动画是日本最大的动画制作公司,为日本动漫界培养和输送了大量专业人才。

图 6 – 2　日本秋叶原的动漫街

资料来源:罗玥琪拍摄

3.加拿大模式:外包转型动漫集群模式

不列颠哥伦比亚省位于加拿大西南部,是北美通向亚太地区的重要门户,也是北美影视拍摄和制作的重要基地。不列颠哥伦比亚省动漫产业兴起于 20 世纪 80 年代,大部分合同都来自美国,最初只是为了给美国公司提供初期的艺术作品、设计图样、故事模板、配音配乐和声音合成等服务。20 世纪 90 年代中期开始,由于其制作质量优良、创意独特、交货及时且预算合理,该省动漫产业园区与国外厂商合作制片的情况越来越普遍。到 20 世纪 90 年代后期,其动漫产业制作的原创作品越来越多,并同美国或欧洲的公司共同拥有作品版权,园区发展进入了新的阶段,成为北美重要的影视制作与动漫中心。该省拥有 12 所电脑动画学校、60 多家动画制作公司,这些学校和公司为动画产业提供了充足的人才和制作条件。世界最大的互动娱乐软件公司"电子艺术"的核心制作工厂就坐落在该省的本拿比市,此外还有前卫娱乐公司、遗产娱乐公司等知名电子游戏企业落户该省。

加拿大的动漫产业集群发展首先是通过政府资金引导,鼓励社会资本投入,支持本土游戏动画制作机构开发原创作品。如不列颠哥伦比亚省政府通过半官方机构如"省电影协会""省电影署"等,在创意启动、资金筹措等方面提供支持。当地的电视机构也通过预购播映权等方式,将资金先期投入动画制作之中。动漫产业园虽然在初期是在为美国公司提供配套服务的基础上发展起来的,但在发展过程中非常重视对本土动漫机构的培育,鼓励开发具有自主知识产权的原创作品,使得园区动漫企业能够掌握与美国企业合作中的主动权,分享到更为丰厚的利润。另外,不列颠哥伦比亚省各类动漫协会在产业发展中发挥了积极作用。比如该省涉及动漫产业的协会组织包括"动画协会""新媒体协会""动画制造商协会""动画配音协会"和"作曲家、词作家和音乐发行协会"等。这些协会聚集了当地及临近地区在该领域的顶尖人才,吸纳了商界、教育机构、政府机构、电子商务、教育、电子游戏、视觉特技、电脑应用软件等各领域的机构入会,在各方之间架设了畅通的信息渠道。

6.1.4　先进国家动漫产业集群成功模式的关键因素与启示

美国、日本、加拿大等先进国家培育动漫产业集群的实践各具特点,同时也存在一些共同的经验。这既是动漫产业集群成功的关键因素,也可为我国发展动漫产业带来宝贵启示。

1. 充分利用本国特色资源优势

美国的发展模式是成熟影视产业带领动漫发展,日本的模式是成熟漫画带领动画,韩国的模式是游戏产业带领动漫。我国拥有大型的移动通信运营商和世界最大规模的终端手机用户,以新媒体带领动漫产业可作为目前的主要着力点。即使在美国和日本,手机动漫也是刚刚起步,与我国同处在相同起跑线上,这无疑是我国动漫产业发展的重要机遇。加拿大则在动漫产业发展上利用了传统影视基地,以影视带领动漫产业发展。我国也有众多的成熟影视基地,如河北涿州影视制作中心、浙江横店影视中心、央视无锡影视基地等。动漫企业可以为影视作品制作片头、特效,亦可将收视率较高的电视剧制作成动漫影视作品或游戏,并开发相关衍生品。

2. 通过政府扶持政策创造动漫产业核心竞争力

面对动漫产业发展的密集资金需求特征,发达国家政府完善融资机制,拓展了动漫产业融资渠道。例如加拿大政府设立新媒体产业基金支持动漫企业发展,不列颠哥伦比亚省政府针对五种不同类型的影视制作企业制定差别化税收优惠政策。美国建立了担保完成发行制度,鼓励影视领域的投资风险机构发展,使得好莱坞电影制片商能顺利融资。我国应通过鼓励原创、资金扶持等形式促成一批具有成功盈利模式的骨干企业,依靠这些企业在良性循环的市场环境中不断创新,提升它们的核心竞争力和国际品牌,打造特色作品。

3.形成完善的产业体系和商业模式

以市场为中心的运作机制和创业环境,可为动漫产业集群的形成和发展提供良好保障。动漫企业能够根据市场需求,迅速形成分工合作网络。各国的资源环境虽然不同,但是严密的合作分工网络、通过版权经营机制合理分配动漫产业的利益,是动漫产业盈利的根基,也是动漫产业持续发展的基本规律。我国动漫产业集群的培育可以在初期靠承接外包加工制作,但更重要的是发展原创动漫产业,以获取动漫产业全球价值链高端环节的附加值。

6.2   中加动漫产业发展模式的对比及启示

动漫作为文化创意产业的重要组成,被视为 21 世纪最有潜力的领域。在我国"十二五"规划纲要中,动漫产业被设定为未来国家文化产业发展的九大重点之一。虽然近几年我国动漫产业发展迅猛,但在世界范围内仍处于滞后地位,与领先国家差距甚大。如何促进我国动漫产业的加速前进成为我国文化产业蓬勃发展急需解决的问题。国内很多文献已经就美、日、韩等国的动漫产业发展模式进行了多维度的考察,我们在选取学习和对标对象时,应避免对动漫超级大国的盲从和复制,而是遵循自身特色、实现渐进发展。

加拿大的动漫产业发展阶段与我国相似,在发展基础和路径上更加具有可比性。下面对中加两国动漫产业发展的异同做出全面比较,为分析我国动漫产业发展提供崭新视角和适用基准。

6.2.1   中加动漫产业发展模式的共同点

1.地域辽阔,毗邻动漫强国

这是中加两国在地理上的共同优势。加拿大毗邻全球动漫巨头美国,两国的贸易背景和环境良好。加拿大的动漫产业起飞与美国的带动息息相关。中国则邻近动漫资深强国日本和动漫新秀韩国,从技术层面分析,中国动漫产业发展受日本动漫的影响相对更大。

2.本国制作规模小,前期以代工为主

1939 年前,加拿大动漫制作规模小,小成本制作在连锁影院里遭到惨败。加拿大动漫产业在最初阶段,只是给美国公司提供初期的艺术作品、设计图样、故事模板、动画、配音配乐和声音合成等服务。从 20 世纪 90 年代中期开始,由于其制作质量优良、创意独特、交货及时且预算合理,加拿大的动漫产业园与国外厂商合作制片的现象越来越普遍。截至目前,中国在国际动漫市场的位置依然是以动漫代加工为主,基本定位于发挥劳动力价格优势。虽然近年来较为注重自主研发,但尚未掌握领先技术,不能掌握与动漫强国合作的主动权,基本处于附属位置。

3. 政府扶持力度较大

加拿大政府与各种机构对动漫业和动画艺术家进行资助。这些资助款额是动画及影视产业每年盈利后纳税的一部分。政府利用这一部分资金回报给动漫业,实际是对这一产业的再投入,不仅激励了产业的可持续发展,而且也为独立的艺术家们提供了扩大的创作空间,形成良性循环。如不列颠哥伦比亚省政府通过半官方机构如"省电影协会""省电影署"等,在创意启动、资金筹措等方面提供支持。加拿大联邦政府遗产部下属的加拿大影视基金会中,就专门设立了加拿大新媒体基金。

2006 年,我国国务院发布《关于推动我国动漫产业发展的若干意见》,明确了动漫产业在国家产业发展序列中的优先地位,提出加强动漫产业基础设施建设,拓展动漫产品市场需求,鼓励国内动漫企业创业,扶持国产原创动漫作品创作,促使资源流向动漫产业,将动漫产业打造成区域发展的支柱。2009 年国家《文化产业振兴规划》的颁布,使加快动漫创意产业发展上升为国家战略。

6.2.2　中加动漫产业发展模式的差异

1. 产品外包所产生的后期效果不同

动漫强国往往把主要力量放在研发及市场开拓上,而把外包加工(动画、描线、上色等工序)的制作安排在产业发展水平较低的国家,以节省成本。随着竞争意识和知识产权保护意识的加强,外包加工的环节越来越趋向于流水化。即使是描线上色的环节也由主导国发出图谱和例本,严格按照指定要求上色,代工国没有自主权。加拿大对如何在国际合作中提升自身实力具有明确的策略和思路。加拿大曾与迪斯尼有过短期的合作制片的机会,虽然后来迪斯尼撤出,但加拿大的动漫制作团队的核心却因此建立起来。动漫电影在加拿大存在的历史并不长,但加拿大的动漫电影秉承了"鼓励原创性、强调个人风格的自由发挥,并维持小团队紧密协同"的理念,每年推出品味不凡、独具风格的艺术作品,令受众耳目一新。我国虽然每年得到大量外包订单,但收获颇微。目前中国的动漫市场依然以代加工及生产衍生品为主,缺乏前后期制作,大部分动漫企业只顾眼前利益,盲从于所谓的订单,忽视了本身的自主研发及风格的确定,沦为动漫超级大国在中国加工的监工及中转站,以量大利小的模式维持生存。

2. 主导产品的选择模式不同

大众对动漫产品的认可需要时间,也需要手段及策略,在特定的历史时期,应采取最为有效的发展手段。美、日、韩等动漫强国的崛起模式都有其独特的受众认可。加拿大选择主导动漫产品的目标方向明确。面对纷繁的动漫产业发展体系,加拿大选择了最有利的指向,即发展以电影为依托的动漫产业。加拿大的蒙特利尔和温哥华得益于气候及景观特色,一直是好莱坞在北美洲的热点拍摄场所,这造就了当地电影配套服务业的兴盛。在 20 世纪 90 年代的电子信息业和互联网大发展的背景下,这两所城市将电影服务业与 IT 产业紧密结合,形成了独具特色的数字多媒体产业,在数字电影特效、电脑动画制作、电脑动画制作软件服务等领域占据世界优势地位。两相比较,中国则是撒网式摸索行进,产品方向较为分散。有日本模式的漫画先行,有美国模式的影视特效,还有韩国模式的游戏动漫,模仿性很强,自身特色不明显,产品定位模糊。

3. 政府扶植角度不同

加拿大除通过半官方机构寻求资金支持之外,当地的电视机构也通过预购播映权等方式,将资金先期投入动漫制作中,鼓励本土机构开发具有自主知识产权的原创作品。加方的规范化政策和奖励性政策双管齐下,形成推进动漫产业发展的合力。我国相关部门在制度设计时缺少深思熟虑,没有考虑动漫产业的特性和当地的要素禀赋基础,也没有考虑当地是否具备必需的市场条件。

4. 动漫产业的集聚着力点不同

加拿大的动漫产业中心非常明确,主要聚集在不列颠哥伦比亚省和魁北克省。不列颠哥伦比亚省的温哥华市风景优美,一直是北美影视拍摄制作的重要基地,而且近年来也致力于发展动画及相关产业。前卫娱乐公司和遗产娱乐公司等世界知名电子游戏企业落户于此。位于加拿大东部的魁北克省的蒙特利尔市曾是加拿大的经济中心,至今仍是加拿大第二大城市和文化艺术中心。蒙特利尔市政府为发展动漫产业,在 1998 年启动了蒙特利尔多媒体城项目(CMM),进驻 CMM 的企业可以享受地方政府的税收优惠,如图 6-3。来自工业遗产改造的 CMM 如今已成为当地新的经济增长点,蒙特利尔也赢得了"数字动画特效制作之都"的美誉。在中国,动漫产业发展散点分布,遍地开花,区域同质竞争态势非常明显。特别是在地方政府部门的高度偏好及组织引导下,全国已设立了大量各级别的动漫产业园区。各地区无序竞争,不仅分散了有限的资源,更无法从宏观上对动漫产业进行阶梯形划分,导致动漫产业发展广度大、深度浅的问题,削弱了国际竞争力。

图 6 – 3　加拿大蒙特利尔 CMM 项目
资料来源:**sarahcontephilly. com**

5. 人才培养方式不同

对于各类动漫人才,加拿大的特色是采用协会式长线培养。不列颠哥伦比亚省各类动漫产业协会在园区产业发展中发挥了积极作用。如该省内涉及动漫产业的行业组织包括"省动画协会""省新媒体协会""省动画制造商协会""动画配音协会"及"作曲家、词作家和音乐发行协会"等。这些协会聚集了当地及北美周边临近地区在该领域的顶尖人才,吸纳了商界、教育机构、政府机构、电子商务、电子教育、电子游戏、视觉特技、电脑应用软件等各领域的机构入会,在动漫从业者、政府和投资方之间架设了畅通的信息渠道。中国的动漫人才培养则属于"有偏差的学院式前期培养"。目前我国动漫产业只注意最后产品的结果,忽视了前期为打造这些产品所付出的那种基础性努力。动漫前期原创非常重要,但很多院校都没有开设原创课程,没有造型课程,没有剧本课程,基本上是以计算机软件课程为主,学生难以学到动漫本体课程。

6. 大众的认可程度和方式不同

在加拿大,消费者的偏好与美国基本一致,且西方的文化观念对新事物大多采取宽容开放的态度。所以大众的认可方式在加拿大的动漫产业发展中既没有推波助澜,也没有任何阻滞。在中国,对动漫产业的大众理解出现了误差。首先,我国传统动画片创作教育性强,故事情节差,观众的认可度低。而更严重的是在传统概念上,大部分成年人认为动画片是儿童的世界,使我国动漫业务的市场范围非常局限,使许多潜在观众排除在外。即使大批量动漫产品的主消费人群定位在 15～35 岁,其中的低龄人群正面临学业的巨大压力,动漫产品在学校和家长的监管下得不到正常拓展。在公众意识中,动漫从业人员较低的地位也使一些成熟的影片制作人和导演、画家不愿投入大量精力打造动漫作品。

6.2.3 总结性启示

通过中加两国的对比,我国动漫产业在结构上可采用"原创与外包相结合,国际国内市场并举"的大方向。

一是承接国际外包,与美、日、韩等国家合作制片,加大产权控制,这样做既有利于分享丰厚的市场回报,又能借助合作方拓展国际市场。

二是本土原创,市场销售由自己独立完成,在此总体方略下,充分借鉴吸纳来自加拿大的先进适用经验,从以下方面着手推进中国动漫产业发展。

第一,把握手机动漫发展机遇,拓展动漫产品受众面。中国动漫产业发展必须看准机遇,开辟一条符合国情的细分路径,抓住技术发展断裂性的机会,尽快形成良性循环。中国应依靠国内巨大的手机用户市场,实现手机动漫板块的突进。目前手机动漫业务的目标客户主要是年龄在 17～35 岁之间的用户群,约占手机动漫注册用户数的 95%,这一群体包括学生、时尚青年和白领等。随着今后 5G 手机的渗透,35 岁以上的群体也是手机动漫的潜在客户,这与传统动漫产业主要以儿童和青少年为主要用户群不同。

第二,政府合理有效拓展动漫产业集群。政府应当尽力避免口号式支持,在真正了解到动漫企业需求之后,将有关政策措施明晰化。合理规划动漫产业区域,促进大集群的形成,增强国际竞争力,通过政府采购为动漫产品打造优越的市场环境,从而为当地动漫产业发展提供初始支撑。

6.3 基于企业集群的河北省动漫产业基地建设

动漫产业是河北省推进经济转型的新兴增长点,是河北省工业遗产再生重要的产业拓展方向。

6.3.1 河北省动漫产业基地建设的背景

以动漫产业为代表的当代创意产业已成为后工业时代发达国家促进产业

转型升级的新引擎。近年来,我国各地相继均明确了动漫在产业发展序列中的优先地位,中共十七届六中全会通过了《中共中央关于深化文化体制改革的决定》,更是首次提出要推动文化产业成为国民经济支柱性产业。2010 年国内动漫市场规模已经达到 470 亿元,2018 年超过 1 500 亿元。作为比较典型的资源型经济,河北省面临着转变经济发展方式、培育新兴增长点的紧迫任务。动漫产业市场前景广阔,是具有低能耗、低污染特点的战略性新兴产业,并可以对教育、制造、商贸、物流等多部门产生带动效果。因此,积极发展动漫产业既是河北经济转型的需要,是提升文化产业品牌的需要,也是为加速城镇化提供产业支撑的需要。

目前,河北省动漫产业已经初步形成了涵盖各环节的综合体系,具备了一定的发展基础,并显示出局部优势。石家庄市已连续成功举办了五届国际动漫博览交易会,特别是发起成立的"全国动漫衍生产品产销战略联盟"和"中国石家庄动漫衍生产品集散交易中心"成为国内首创。2011 年底,中国动漫集团公司与河北省秦皇岛开发区签署协议,共建动漫产业项目,计划建成高度聚集、链条完整、产品丰富的一体化动漫产业基地。河北省正逐步走出欧美日韩动画的影响,创造出充分体现河北省风土人情、反映河北省特色的动漫作品。当然,动漫在河北省仍处于产业生命周期的幼稚阶段,需要大力培育和扶持,特别是要按照企业集群的理念建设动漫产业基地。下面的部分将首先对河北省动漫产业基地的建设做 PECMR 环境分析,然后指出区域性企业集群是其发展导向,并进而提出建设过程中的控制要点。

6.3.2　河北省动漫产业基地建设的 PECMR 环境分析

产业发展必须首先考量综合环境,并确定有较强针对性的方略。河北省动漫产业基地的培育也要对自身的发展环境和特征进行充分解析,从当前影响河北动漫产业发展的政策(policy)、经济(economy)、文化(culture)、市场(market)和地域(region)五个维度进行 PECMR 的全方位环境考察。

1. 政策环境

2006 年以来,河北省出台了一系列政策,为具备原创能力的动漫企业在资金、信贷和税收等方面给予扶持和优惠,推进河北省动漫产业步入快速成长期。2007 年 6 月 14 日,新闻出版总署向石家庄市政府授予国家动漫产业发展基地牌匾。2008 年 10 月 19 日,国家动漫产业发展基地在保定揭牌,由此确立了河北国家级动漫产业基地的重要地位。河北省"十二五"规划纲要中提出,要大力发展包括动漫产业在内的文化创意产业,特别是注意吸纳北京市的高级要素溢出,形成一体化功能区。国务院于 2011 年 10 月批准实施的《河北沿海地区发展规划》也明确要求,积极发展动漫游戏等文化产业,培育新型文化业态,对接京津高端服务市场,承接动漫外包等业务。

2. 经济环境

石家庄市是华北的商埠中心,有全国知名的小商品市场,可以形成全国性的动漫衍生品集散交易中心。河北省的白沟箱包、唐山陶瓷、香河家具等商品辐射性强,为动漫衍生品提供了丰富的载体。河北省的纺织服装业、信息产业、食品业等,可为发展动漫属性的服装、玩具、软件、食品等提供支撑。但河北省经济发展仍处于工业化中期,经济结构偏重,服务业、文化产业基础薄弱,财政支配力量有限,能投入的引导资金仍显薄弱。河北省动漫产业不成熟,影响了投入意愿,使得资金保障困难。

3. 文化环境

河北省具有丰富而独具特色的文化资源,历史底蕴深厚、革命传统领先、地方曲艺发达、文化遗产丰厚,这些优势是建设河北省特色动漫产业基地的素材资源。河北省很多传统文化都可以作为动漫产业的嫁接形式加以利用及再创造,如蔚县剪纸艺术、唐山皮影艺术、吴桥杂技艺术等都能与动漫题材相结合。

4. 市场环境

产业的发展速度和空间决定于消费,但河北省居民文娱消费需求弱,特别是鉴于城市文化支出大于农村的消费结构,河北省较低的城市化水平牵制了文化消费总需求,从而约束了动漫产业发展。在河北省,作为动漫主要推广平台和产业链重要环节的电视动漫栏目较少,目前播放动画节目较多的只有河北电视台少儿频道,而且省市级电视台的购买力也较弱,河北电视台对动漫产品的收购价只有每分钟 20 元,不能让原创动漫产品充分展示。

5. 地域环境

河北省有着得天独厚的地理位置,环绕京、津两大直辖市。北京、天津作为优质生产要素聚集的特殊载体,已成为当今世界最活跃的动漫区域中心。在此独特的地理环境下,存在着其他地区不能比拟的信息沟通、人才就业等方面的巨大优势,区位优势明显。河北省动漫企业既可以立足河北,又可以连接京津,辐射华北,可为其提供广阔的发展空间和极大的商业机会。

6.3.3　河北省动漫基地建设的基本导向：区域性企业集群

企业集群方便集体学习过程，动漫知识和信息可在整个基地快速传播，从而提高动漫企业的创新能力。鉴于动漫产品的文化特性及信息和黏性知识在传输上的空间有限性，动漫产业的高技术劳动力之间需要面对面交流，这种接触可以压缩开发时间，是重要的创作源泉。动漫产业培育的复杂性提高了集群厂商联网合作的价值，以便降低交易费用。

东京的秋叶原以前是日本消费类电子的售卖场所，如今随着动漫的崛起而形成了时尚的"亚文化圈"。经济原理、产业特征及国际实践均表明，区域性企业集群应成为河北省动漫基地建设的基本导向。河北省动漫产业基地的打造要依据集群规律，通过动漫产业链诸多环节中相关企业和支持性机构的地理集聚而形成。在动漫产业基地搭建创业平台，集中优势资源，逐步形成动漫集群。扶持已认定的石家庄、保定两大动漫产业基地，使之真正成为集教育、研发、中小企业孵化及国际合作等多种功能为一体的重要基地。

6.3.4　河北省动漫产业基地建设的控制要点

1. 确立模式定位

河北省动漫产业基地建设首先要做到科学布局，在石家庄、保定、廊坊等有发展基础和经验并且邻近北京的城市重点推进，给予融资、技术、产品采购等方面的扶持。在培育动漫产业基地时做到立足本地资源，充分依托和利用各地工业遗产改造项目的空间环境。动漫产业基地可与高新技术开发区和软件园区建设相结合，充分利用已有的政策、技术、场所等条件，资源共享，集约发展。河北省应避免走耗资巨大、周期很长的大型动漫基地建设道路，而是以较少投资、较短时间，滚动发展，整合资源，建成特色各异的产业基地，与北京地区的高端动漫环节形成密切分工合作。京冀双方的关系是相互依赖和相互需求的，河北省需要来自北京市的高端要素的注入或引领，北京市也需要来自河北省的低成本业务支持和市场空间。

2. 凝聚生产要素

在区域性企业集群的导向下，河北省动漫产业基地的建设需要吸引和凝聚资本、技术、人才等大量生产要素。在动漫企业、银行和担保机构之间架构合作纽带，考虑到动漫企业往往缺少抵押物的现状，鼓励银行给动漫企业适当优惠。省市级政府出台财政扶持政策，特别是对原创动漫精品予以贷款贴息。对自带重大动漫原创题材作品入驻基地的企业,给予孵化资金。以建设开放式实验室、资料库及公共技术服务平台等方式,主要依托河北师范大学、河北传媒学院等高校,提高动漫专业高端人才的培养能力,推动产学研紧密合作,加快动漫产业基地公共技术中心建设,为各类企业服务。在动漫产业基地架设咨询创意、人才培训、产品版权交易等平台,发挥产业基地的综合功能。基地帮助各型机构实现交流沟通、技术转化和资源共享,让分散的动漫活动通过地理空间的集聚产生融合效应。

　　3.公共组织角色

　　地方政府、行业协会等公共组织的角色主要是建立一套能够提升生产要素品质的机制,包括专业化职业培训计划、技术研发及基础设施投资等。在动漫企业集群的成长期,政府主要功能不是硬件供给,而是需要市场演变出自发秩序。地方政府应当改变过去发展制造业的惯性思维,不能将重点放在硬件设施的置备上,而是要注重市场的培育、相关的计算机服务、传媒等行业间的互动。河北省动漫产业基地的建设除了吸引龙头项目,还应确保形成企业集群的自发动力,通过加强行业协会和中介机构在动漫产业基地的服务,解决动漫产业链上各个环节之间的信息不对称。

6.4　环首都经济圈动漫产业集群的构建

　　在各地纷纷独立自主地启动工业遗产再生改造的进程中,明显受到了行政区划的限界,缺乏针对不同城市之间在资源整合、项目互动、协同发展方面的关注。固然部分项目可看作纯自体类型,但有的项目位于边境交界处,特别是区域内或者城市群范围内有更多的项目具备一致的工业开发史,同时也可以挖掘一致的文化艺术内核。现在需要的是找寻共同的历史蕴含,开发共同的艺术展现,串成共同的文化创意纽带。面对民众日益增长的文化艺术需求、有限的再开发空间和不断收紧的生态环境约束,地理相邻城市应该超越单纯的个体理性,通过创新性的合作解决方案来支持整个都市圈内部资源的整合,通过协同共生避免重复建设、实现互利共赢。这其中,构建环首都经济圈的动漫产业集群完全有可能成为重要突破口。

6.4.1　河北省环首都经济圈的规划主旨

要加快京津冀协同发展,就必须充分发挥首都优势、放大首都辐射效应。从个案经验看,建设环首都经济圈能有效承接首都产业转移和功能分散,接收首都高级要素的溢出。河北省提出建设环首都经济圈,是在更大空间尺度上来谋划首都周边区域的整体发展,形成以首都中心城市带动腹地区域共同发展的城市群。随着环首都经济圈的成型,河北省还可以将其打造成为整合全球资源的战略平台,广泛承接产业技术转移,建设成全省对外开放的高地。

6.4.2　环首都文化艺术区协同共生的构想

近些年,京津冀地区已经有大批工业遗产项目改造成以文化艺术功能为主导的新兴综合体,重要的是还应该就今后如何实现京津冀文化艺术区的科学定位、合理分工、顺滑衔接等问题进行方案布置,尤其应该关注能够动员各方力量的集体行动机制。因为京津冀三地的文化艺术区是由众多相关机构组成的聚合体,各参与方的嵌入体现为多种类型,并且在行动反应方面有不同的动机和能力。文化艺术需求的梯度差异、单纯的利益驱动等,都有可能抑制合作,这使得文化艺术区的协同共生成为重要但耗时的结构安排。遵循上述问题导向,在后工业化的大趋向下,完全可以将源自工业遗产改造的再生型文化艺术区纳入协同共生的轨道,推动京津冀三地文化艺术资源项目的协同共生,寻求整合各方能力、兑现协同收益的实用路径。其中,动漫产业集群的培育和凝聚是重要的组成部分。

动漫产业是京津冀共同的发展重点,而产业集群是其恰当的形式选择,是资源的相对集中配置。动漫产业集群在各国往往分布于大城市,尤其是一国首都。东京是日本经济中心,也是各种动漫活动的综合性集聚地,日本大多数动画制作公司在东京。另外在地域的整体性开发和分工方面,德国鲁尔区在改造工业遗产时,将片区划分为五大中心,即以杜伊斯堡为首的文化海港、以埃森为首的世界文化遗产区、以奥伯豪森为首的工业娱乐区、以波鸿为首的节庆中心区和以多特蒙德为首的音乐与新媒体中心。发达国家在将工业遗产改造为文化艺术区,特别是构造动漫产业集群方面形成了大批值得借鉴的方法,可以提供前沿的国际经验。

京津冀在我国近代的工业化启动阶段占有重要地位,拥有大量工业遗产的资源赋存。近年来,京津冀三地纷纷基于自身条件,成规模地把工业遗产改造成以文化艺术功能为主导的综合聚集区。但是目前在省市之间、各项目之间，基本处于独立作战，没有做到组团共赢。目前，京津冀各文化艺术区基本处于点共生和间歇共生状态，共生单元间的合作缺乏常态化和持久性，市场交易成功率低，组合意愿不强，利益分配不对称，这是初始状态。

拟议的京津冀文化艺术区协同共生架构表现为多级圈层结构，对合作利益的理性预期是三地文化艺术区协同共生的基本动力，继而组建以地理空间集聚为外在表现、以互动合作为本质特征的社会经济网络。各共生单元由于地处京津冀的区位禀赋集合到一起，在各自优势领域为集体发展贡献力量。在京津冀区域范围内，地理邻近但当前分离运行的文艺区之间其实存在着大量的合作机会，可以依据多重耦合关系建立信任以减少不确定性，有助于降低交易成本，实现区域资源的整体优化配置。其中需要强调的两个要点是：充分围绕、依托和借助首都的要素优势及溢出效应；充分发挥区域内各城市的基础力量和特色背景，共同打造符合协同共生准则、基于工业遗产再生改造的大型动漫产业集群。

京津冀文化艺术区的协同共生不是单个主体的活动，系统的构建和运行依赖多级群体的参与。实现文化艺术区的协同共生需要内生性集体行动，通过有关各方的参与实现合作收益，这是一个主动创设的过程，而且是一个长期结构。影响京津冀文化艺术区协同共生集体行动的主要因素包括政府引导、领导型企业、公共服务机构、声誉约束机制等。

6.4.3　环首都经济圈动漫产业集群的建构机理

1. 建构环首都经济圈动漫产业集群的相互需求

河北省拥有环抱首都北京的独特地理环境，在国家着力培育的环渤海区域崛起中同属于核心区位置，区位优势明显。河北省动漫企业既可以立足河北省，又可以连接京津，辐射华北，可为动漫企业提供广阔的发展空间和极大的商业机会。但因为河北省动漫产业薄弱，不仅不能吸引高端动漫资源，本省动漫人才也存在向京津流动的虹吸现象。北京市的动漫产业发展虽较为先进，但在国内却明显落后于深圳、长沙、上海等地，急需携手周边地区一道加快动漫产业发展，在大北京地区的框架下实现紧密的垂直分工和战略协同。在整个环首都经济圈动漫产业集群中，京冀双方的关系是相互需求和相互依赖的，河北省需要来自北京市的高端要素的注入或引领，北京市则需要来自河北省的低成本业务支持和市场空间。因此，该产业集群将成为融合京冀两地优势，汇聚双方资源，实现多赢效果的聚合体。

2.环首都经济圈动漫产业集群的供需特征

动漫产业作为一种文化创意产业,只有当人们的物质生活达到一定水准,精神需求大到可以支撑一个产业的发展时,才能成为一个独立的部门。虽然动漫产品的跨区可贸易性较强,但在初期仍以满足当地需求为主,而且更符合本土消费偏好,因此动漫产业发展的地域不平衡性与当地经济水平直接相关。京津冀地区人口密集,居民收入较高,对文化创意产品的需求规模较大,能够生成相当的市场容量。京冀间发达的快速交通网络缩短了人员的双向流动时间,既便利了从业人员的通勤需要,又便利了跨区文化消费,这就为拓展动漫产业需求空间提供了助推条件。

在动漫产业生产要素供给方面,环首都经济圈同样具有优势。高技能、高创意的劳动力投入有效工作需要良好基础设施的可得性、创新活跃的社会环境、便利的生活条件等。按此标准,北京及其周边邻近地区在中国北方属于最具吸引力的地区之一,足以吸纳和汇聚形成大型动漫产业集群所需的各型劳动力资源。另外,动漫产业需要投入丰富的文化资源,特定区域的文化潜质和历史积淀对动漫企业的选址非常重要。京冀两地拥有紧密的地缘凝结和人缘积累,为动漫产业对两地艺术资源的整合开发创造了客观基础。

3.环首都经济圈动漫产业集群的培育路向:垂直分工与跨区共生

动漫产业竞争优势的获得需要在分工基础上产生的相关产业和支持性产业的集聚。动漫产业关联性强,事实上包括若干个子产业,各部分间接或直接地发生组合。京冀两地的动漫产业不应是各自为政、封闭发展,没有必要分别打造完整的业务链条。环首都经济圈动漫产业集群的培育路向主要体现为垂直分工和跨区共生两个特征。首先在分工定位上,北京主要从事动漫产业活动中的高端部分,在河北省的环首都地区布局相对劳动密集型的业务,双方形成垂直分工的格局,如图6-4。另外在两地的空间结构及功能布局上,倡导中心城市的有机疏散和区域范围内的重新集中。环首都经济圈的动漫产业集群既包括北京市内的产业活动,也涵盖河北省区划的相关业务,从而形成一个跨越行政界限、地缘人缘支撑、优势资源互补、市场需求同享的共生系统。

从微观视角考量,河北省的人力工资、房租、交通费用等比北京市低得多,可减少动漫制作成本,所以对动漫企业有较强的吸引力。这些企业可在北京市通过设立分支机构或合作关系来获取业内前沿信息,在河北省保定市或廊坊市进行低成本研发制作,再把动漫产品通过北京市的影响力推向市场,谋求组合效果。河北省的轻工业和商贸流通业较发达,契合动漫衍生品的开发与生产,在制造方面具有优势。依托成功动漫形象建设的主题公园因其占地较多,也应考虑布局在河北省境内。在统一的动漫产业集群中,京冀两地应展开深度分工合作,将整个动漫产业的各个业务环节安排在最适宜的区位,交付给相对擅长的主体。这一方面为河北省动漫产业的培育提供经验,另一方面又为北京市的产业发展降低了成本、疏解了压力,进而实现包容性发展。

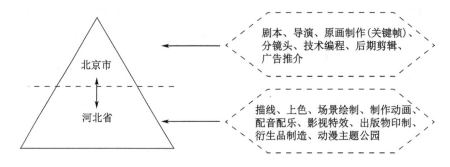

图6-4　环首都经济圈动漫产业集群的分工合作设想

6.4.4　环首都经济圈动漫产业集聚的经济解释

在垂直分工和跨区共生的基础上,发挥环首都经济圈动漫产业集群的资源组织能力,可以使其成为将京冀动漫资源赋存转化为现实优势的有效体系。在环首都经济圈的架构下统筹形成强势的动漫产业集群,将主要得益于以下经济效应的共同作用,从而为集群的培育和演进提供动力。

1.收益递增效应

动漫产业在某地点集中生产从而降低成本,而产业中单个企业的规模可能并不大,这时规模经济主要表现为产业层面。动漫产业集聚及伴随的专业分工,不仅可以满足多样化的市场需求,企业还可以利用空间距离的接近降低交易成本。河北省动漫产业向环首都地区的转移和集中,即可享受上述收益递增。京冀共同的地域文化使得在产业空间集聚后动漫企业间的信任机制进一步增强,可节省信息的搜索时间和费用。

2.外部经济效应

产业集群的外部经济表现为利用地理接近,改善基础设施、产业配套、劳动力供给等因素。另外由于集群内部技术扩散,许多从事不同分工的动漫企业比简单叠加更具有优势。当然由于单一城市空间的承载能力限制,生产要素的过度集聚会导致用地成本增加、城市交通拥堵、生态环境恶化、人工费用上涨等不利境况。这就意味着同时存在外部不经济情形的动漫产业集群,会在某地收敛于适度水平并向周边地区辐射分散。谋划设计环首都经济圈动漫产业集群既可以发挥正向的外部经济性,又可以通过空间延展而规避负效应。

3. 集群创新效应

产业集群方便集体学习过程,这样就能增强动漫企业创新力。鉴于动漫产品的文化特性及信息和黏性知识在传输上的空间有限性,动漫产业的高技术参与者应该时常面对面进行交流,这种直接接触可以压缩开发成本和时间,是重要的创新源泉。动漫产业培育的复杂性提高了集群厂商联网合作的价值,以便降低交易费用。地理优势和人脉渊源为京冀间开展协同创新提供了天然条件,环首都经济圈动漫产业集群中的企业社会环境相似、组织惯例接近,使新技术的引进和传播都更为迅捷。

4. 循环累积效应

在动漫产业集聚过程中,预期是重要力量。动漫产业集群的形成受地方政策规划引导,也取决于企业之间的模仿和跟进。目前,在京津冀区域经济加快整合的大趋势下,京冀均把动漫产业排在产业发展的优先级别而强力推进。虽然环首都地区在国内培育动漫产业的第一波浪潮中没有占得先机,但全方位的资源储备、一体化优势和美好发展前景已经受到业界的广泛认可。在产业集聚过程中,以国家级动漫产业基地为核心的环首都经济圈动漫产业集群必然会通过自生性循环累积而加速形成。

第7章 河北省工业遗产再生设计的优化路径

河北省的资源型城市较多，传统产业部门需要转型提升，生产基地面临搬迁改造，废旧工矿建筑等待处理利用，区域形象应该重新定位。河北省范围内遗存了大量传统产业类建筑及附属设施，对于这些丰富资源，需要重新认识、重新评估、重新定位、重新利用，从既有因素中挖掘有价值的内容，使其对城市更新发挥积极作用。鉴于河北省对于工业遗产正处于大规模再生改造的深入推进阶段，借鉴以德国为主的国际经验，本章系统提出河北省工业遗产再生设计的优化路径，强调导入公共艺术元素、升级景观设计等要义和路径，并对唐山市和启新 1889 项目进行代表性设想。

7.1 河北省工业遗产再生的公共艺术元素导入

7.1.1 基本构想

作为中国近代工业文明的发祥地之一，河北省积累了丰富的产业文化艺术要素，也面临着加快资源型城市战略转型的现实压力。随着不同时期的城市发展，河北省拥有一批兼具艺术价值和科学价值的工业遗产，反映了 19 世纪后期至今的城市和工业发展史，可以清晰记载城市的时间线索。这需要在设计过程中注入公共艺术元素，从而实现综合效益。在保留原有建筑风貌的基础上注入艺术服务内涵和新兴产业依托，使艺术力量在城市转型进程中提供持久动力，展现文化图景。

以工业遗产为代表的传统产业类历史建筑是河北省的主要特色和文化内涵，在战略转型中应当充分依托原有地段、城市环境和废旧设施资源，将工业遗产再生设计和公共艺术效果和文创产业结合。上述构想可以发掘城市的文化价值、艺术价值和社会价值，能够发挥节省物质资源、提升城市文化品位、塑造城市特色、增强城市旅游吸引力的综合效能,为城市转型开辟创新路径。

空间选址关系园区的生存与发展。市郊的文化创意产业园区虽然崭新廉价,但偏远的位置、不便的交通,使得园区大多闲置,仅靠租赁给周边的汽车行业来回笼资金。通过走访多名文艺业者得出判断:针对河北省来讲,方便的公共交通、成熟配套的周边设施、约100平方米的工作室等,将更吸引文化创意从业者进驻发展。因而中心城区的工业废弃地改造应该成为低价打造新兴文化创意产业园区的首选对接点。地段优势也使市民对当代文化艺术的接纳与推广更为直接快捷,有利于提升整个城市的文化素养和艺术氛围;工业遗产的保留及特色景观的打造使得城市历史得以延续,增强市民的归属感。因而,处于城市黄金地段的工业遗产建筑更新有利于促进唐山文化产业发展及新兴产业的形成和集聚,昨日经济价值将以一种新的面貌重现。例如唐山市百年工矿企业"启新水泥厂"整体搬迁出市区后,根据生产工艺、建筑结构、原有厂区规模等因素多方位考虑后重新规划设计:将部分水泥窑、木质站台及特色水泥仓筒保留加固,打造形成老厂外部特色景观节点;内部园区空间规划成为近代水泥工业博物馆;集画廊、摄影工作室、文艺餐馆等为一体的文化创意园。开园后成为唐山市民休闲娱乐、文化创意产业从业者工作、城市特色游景点的首选,为附近街区集聚了人气,提升了周边土地价值,成为城市转型过程中的公共艺术元素导入的典范。

7.1.2　具体路径

1.改造为公共艺术场所

基于后工业景观设计理念,秉承传统工矿建筑景观平台,将衰败的工业遗产改造成具有多重含义的城市艺术亮点。资源型城市的"问题地带"往往坐落在市中心的工业区,从环境和经济方面考虑,当时一流的建筑、宽大的厂房、开敞的空间格局,与现在的公共艺术场所(博物馆、展览馆、音乐厅、纪念馆、影剧院)要求近乎一致,公共艺术导向的改造既能实现其经济价值的转换,又能体现其文化价值的延续,是城市更新不可或缺的技术手段。因此,大量珍贵的历史文化基础得以循环再生,减少了城市建设资源的浪费和环境污染。

2.对接文化创意产业

文化创意产业发展可以与城区传统产业转移的废弃建筑空间再生利用相融合,把历史、文化和艺术特征结合到新兴产业发展中,提升资源型城市的文化品位和生活品质。如上海老厂房、老仓库改造行动,推动了上海老工业区内70

个都市文化产业园的创建提升,众多建筑设计、服装设计、动漫、广告等公司及画廊、展厅、餐饮店纷纷进入,在设计师的"妙手回春"之下,著名的工业遗产变成文化创意样板房和艺术经济增长极。

3.培育新生艺术节点

资源型城市完全可能成为一座特色文化名城。在工业遗产的改造重生中,必须强化公共艺术元素的渗透及对城市新生艺术节点的培育。如陶瓷、矿业、水泥主题公园及近代工业步行街等,并透过城市雕塑及指示牌、城市园艺、城市色彩规划等具体方式来彰显地域特色文化艺术魅力,打造城市文化地标。

7.2 优化河北省工业遗产再生设计的操作要点

把河北省工业遗产的存量优势变成产业优势,将废旧建筑改造成新型产业空间,可以为河北省的传统产业发展注入新的元素,可以赋予废旧建筑新的生命,既能保护工业遗产,又能置换提升工业遗产的各方面功能,实现城市记忆与现代都市时尚生活的有机结合。根据前文对河北省工业遗产再生设计所做的综合解析,识别了工业遗产再生设计方面存在的突出问题,从而可以相应地确定策略。在河北省工业遗产的再开发过程中,需要把握以下操作要点。这些要点能够发挥节省物质资源、提升城市文化品位、塑造城市特色、增强城市旅游吸引力的综合效能,为区域转型升级开辟创新路径。

7.2.1 项目决策的公共统筹

工业遗产改造项目的成功需要三方利益需求的结合,依此进行适应性的经济功能再开发。承担城市公共管理职能的地方政府,希望透过工业遗产改造彰显近代工业文明,同时也需要土地使用权出让的收益。普通市民对当地的工业遗产保有情感寄托,盼望其改造项目包含城市开放活动空间的功能。在作为利益集团的房地产开发企业看来,工业遗产的再开发应该满足经济回报要求,并提升区块土地的市值。在工业遗产的改造决策中,必须准确研判各相关方的目标诉求,并据此动员相应资源,合理处理好各方关系,防止实施构成中出现推诿扯皮和利益纠葛,更好地兼顾经济利益和社会责任。

7.2.2　政府角色的分段释放

政府作为工业遗产改造的整体引领者,需要在各个时间阶段发挥应有的作用,才能保障良好的改造绩效:第一,在项目再开发的准备阶段,地方政府要作为区域更新的启动力量,着力提升文化品质和改善生态环境,引导再生项目的发展导向,扩大对民众的吸引力;第二,在项目实施阶段,政府部门可以面向开发商提出有条件的地块出让政策,对建筑的改造范围做出强制规定,对空间序列、材质、色调等事项做出引导规定,尊重工业遗产原属产权,支持其筹资进行改造;第三,在运营阶段,政府需要利用公共媒体资源对工业遗产改造项目大力宣传,扩大主题影响力和区域性受关注程度,聚集人气和客流。

7.2.3　空间改造的动态协调

统筹融合工业遗产改造项目的经典和时尚元素,避免景观层面和功能层面的失调。例如对于唐山启新1889这样已运行的项目,可以重新进行景观分区和主题游览路线的设计,优化空间组织,并与其他同类项目共同组建城市工业遗产走廊,靠空间的可连续性来支撑工业遗产的再生,把访客的体验引至更具地域和历史特征的环境里。在对工业遗产改造项目的特征进行统一提炼的基础上,具体实施单个体验单元的设置,让工业遗产在历史、文化、艺术方面的特质与当下的欣赏和消费习惯保持动态协调。基于艺术和历史优势重建的园区环境,应当契合对象群体的最新偏好。在参与性体验中,要提升人性化设计品质,提升访客对工业景观细部的感知质量。保护项目原址的历史信息,借助符号记忆,提供园区与环境、过往与未来的联系灵感。利用微信等新媒体方式,激起分享工业遗产改造成果的公众意向,使之感悟工业遗产的情感价值。

7.2.4　项目决策相关方的统筹互动

决策过程是直接决策者、利益集团和普通市民三元主体的互动过程。地方政府握有决策的权利,然而其决策是以利益集团或普通市民的支持为基础的。河北省工业遗产改造项目的成功需要三方利益需求的结合,依此进行适应性的功能再开发。地方政府承担着城市公共管理角色,希望通过工业遗产的再开发彰显近代工业摇篮的历史文化,同时也需要土地使用权出让的收益。普通市民对当地的工业遗产保护有情感寄托,盼望其再开发项目包含城市开放活动空间的功能。

对于河北省前几年已经发起的工业遗产再开发项目,应该考虑其功能缺失的现状,增配商务办公和优势教育资源,以激发地块的活力。通过改造再生,使其焕发出新活力,并通过建筑自身的良性循环带动整个地块的复兴。在整个过程中,地方政府部门要建立完整的工业遗产名录,搭建全景式的工业遗产脉络,并通过微信、微博等新兴渠道及时普及工业遗产再开发的知识和信息,更新转型动态,使广大公众更加了解实时进展。

7.2.5　近代代表性工业建筑群的复建

由于地震等自然灾害、时间、人为等多种因素的影响,一些经典的工业遗产已经不复存在。近年来,很多工业遗产还面临着城市建设的破坏,导致重要的遗产元素被拆改或者损毁。因此,非常有必要选址原状复建一批在河北省近代工业化进程中具有典型意义的建筑。以唐山市为例,可以在一个集中的功能性园区中,以清末民初的唐山为设计背景,复建开滦洋房子、员司俱乐部、小山大世界、广东会馆等代表性建筑,打造成工业文化旅游景区。

7.2.6　工业旅游线路的集成设计

不同的工业遗产具有各自的产业特质,改造标准及最终效果各异。在战略转型中应当充分依托原有地段、城市环境和废旧设施资源,深挖所在城市独有的文化内涵和价值,规划具有一定脉络体系的工业遗产链条,形成以时间为轴线的近代工业遗产走廊。而且河北省相关城市的各处工业遗产空间距离较近,可以在单体个性化开发的基础上,推动整体联系辉映,形成近代工业遗产再开发的大尺度格局。以唐山为例,可以优化设计中心城区的工业遗产旅游线路走向,按照景点位置和城区路网走向,可以先后参观原唐山交通大学原址、唐山老火车站旧址、开滦国家矿山公园(开滦唐山矿原址)、中国水泥工业博物馆(启新水泥厂原址)等,串联成完整、经典、饱满的工业旅游线。

7.2.7　居住功能的同期嵌入

在工业遗产再生项目的功能框架中考虑加入居住要素。河北省在城市更新中对工业遗产再生改造存在的一个明显问题就是建成运营之后的项目缺乏人气,公众参与度和融入度不够,项目功能的设定与当地居民的现实需求存在一定偏差。因此,今后河北省在城市更新过程中强调特色空间打造时,要注意把工业遗产当成一种典型模式,多增添一些为当地居民服务的功能。如果能在改造项目内部或者周边布局一些住宅小区,这些居民必然会和改造项目形成良性互动,改造项目的经济、文化、社会等多重功用才能得到充足的参与者的支撑。通过居住功能的嵌入,展示产业类历史建筑在城市更新中的持续动力:保存工业遗产中能构成人们集体记忆的传统要素,通过此类改造项目来丰富城市空间形态,助力所在城市片区的全面更新。

7.2.8　再生项目的系统性整体操作

城市更新的目的是对城市进行社会、经济和文化的更新,充分开发现有资源,激活衰退要素,以全面改良城市面貌,推动综合复兴。河北省在工业遗产再生方面的规划设计基本处在物质规划层面,未能充分研究如何实施全面的公共政策。实际上,在城市更新的大范畴内推进工业遗产再生,是一项非常复杂的、涉及众多利益相关方的系统工程,必须进行系统性的整体操作。若要一项工业遗产真正得到保护和合理的开发,就不能只是停留在形态规划和建筑设计维度,必须统筹背后的经济法规、业态引进、经济测算等。规划人员要全程持续参与,才有可能实现初衷。

7.2.9　文化艺术功能的综合引导

在城市更新的框架下,协调文化、环境、社会的三方关系,通过公共艺术来提升城市品质,实现工业文化景观的可持续性。可以通过保留建筑主体,将废弃的工业建筑空间优先作为文化艺术用途,重新赋予建筑以内涵和活力,令之与新兴的城市环境紧密联系。工业遗产建筑凭其历史印记、文化意义和审美价值,完全能够成为文化艺术产业选址布局的上佳选项。利用置空的工矿业厂房当成文化创意基地,基于文化艺术氛围的烘托,使产业类历史建筑地段成为具有地标性质的城市空间。这样,既能缓解可利用土地不断减少引致的环境压力,更能满足公众逐渐增长的地域文化兴趣。这种方式有利于实现项目周边的城市环境的复苏,从而促进公众自觉投入到对工业遗产利用性保护的行列。

7.3　工业遗产再生的优化策略:重点城市、项目和维度

在河北省工业遗产再生的整体框架下,本节对作为重点城市的唐山市、作为重点项目的启新水泥厂项目和秦皇岛港西港区改造项目、作为重点维度的工

业遗产景观设计进行探讨。

7.3.1　唐山市工业遗产再生的功能开发

唐山是中国近代工业的摇篮,也是环渤海地区的早期工业化基地。近年来,唐山市面临着传统产业产能缩减的巨大压力,城市转型重组正在加速,工业遗产改造的实践空间很大。面对唐山市工业遗产的资源赋存、分布状态和再生设计需求,必须充分学习和借鉴国外经验,以创造性和建设性的视角来看待和处理。通过盘活老厂房、旧仓库等存量设施,按照保护和利用相结合的原则对唐山市工业遗产的功能进行全方位的再开发,引入工业旅游模式、主题博物馆模式、文化创意产业园模式、城市休闲娱乐模式等,或者对这些典型模式加以综合利用。

唐山市工业遗产商业功能再开发的类型定位见表 7-1 所示。在煤炭工业领域,以开滦国家矿山公园为主要载体,选择工业旅游和主题博物馆为再开发方向。开滦国家矿山公园位于城市中心,面积不大,分为矿业文化博览区、矿山遗迹及生产流程展示区、安全文化体验区、井下生产工艺探秘区,可以通过真实景观和多个维度来诠释悠长的煤炭工业历史,引发游客对煤炭工业文明与技术的兴趣。

表 7-1　唐山市工业遗产再生的功能类型定位

工业门类	代表性厂商及创建时间	再开发的类型定位
煤炭工业	开滦煤矿(1877 年)	工业旅游、主题博物馆
水泥工业	启新水泥厂(1889 年)	工业旅游、主题博物馆、城市休闲
陶瓷工业	启新瓷厂(1914 年)	文化创意产业园
机械工业	唐山机车车辆厂(1881 年)	主题博物馆

在水泥工业领域,主要是以启新水泥厂的原址为基础,建立以工业旅游、主题博物馆、城市休闲娱乐为内容的复合发展模式。启新水泥厂的老厂区范围开阔、交通便利,可以依托中国水泥工业博物馆为主景观,以工业遗产为物理空间载体,在商业功能再开发方面多维出击。启新水泥厂项目环境特征鲜明,可以利用场地环境本身的形状、坡度、绿化、设备等物质因素,以及邻近区域的历史人文因素等,整合成为城市公共功能区。引进德国麦德龙等领军企业,利用原

有工业建筑的空间优势改造为大型仓储式超市。布局咖啡馆、酒吧、健身及儿童娱乐场所,打造成集购物、娱乐、休闲等功能的大型商业综合体。

在陶瓷工业领域,集中力量建立陶瓷文化创意产业园,发挥客观优势,拓展衍生品类型,组织一批有影响力的陶瓷文创经营项目,使特色专题的工业博览会和项目招商、商务交流、工业遗产旅游相结合,从而既能更好地挖掘地域传统工业文化,又能形成新兴产业集聚区。

在机械工业领域,依托唐山市悠久、深厚的铁路渊源,在唐山市东南方向建设铁路机车主题博物馆。将唐山机车车辆厂(唐山本地简称"南厂")、在唐山办学70多年而已搬迁至成都的原唐山交通大学(现"西南交通大学")等相关工业遗产和历史文化资源整合开发,建设特色鲜明的主题博物馆,推动工业遗产适应性再生。

7.3.2　唐山启新水泥厂遗存再生改造的优化路径

1. 建筑规划设计的整合

启新老厂区的保护和再利用需要城市规划层面的整体把握,对其相关要素进行宏观考虑后确定整体的方案特色。对启新水泥厂外部形象的处理要尽量保留原有的建筑特征,并进行必要的维护、整修或更换局部构件。在突出自身水泥工业风情的同时,新建部分要传承水泥题材,把城市功能转型升级与水泥工业实体相结合,多采用小尺度、统一元素整合空间形态,创造特色的城市街区。植入插件要适应不同的新型城市功能的需求,与保留下来的年代混杂、形式多样的大量建筑物统筹安排,实现区域空间风貌的整合,进一步突出工厂自身的历史和水泥工业特色。

2. 项目空间的个性处理

工业遗产的再生改造应该站在现代视角进行考量,提取原有工业建筑元素进行合理修饰,改造成为功能科学合理、游览路线清晰、公共设施完备、参与性较强的文化旅游景区。要打破铁路和启新立交桥对该项目在集聚客流方面受到的阻隔,进一步提高本区域空间的多路径可达性,力求城市整体空间语境,更充分地激活地块。

3. 更广泛的利益相关方参与

唐山启新水泥厂的再生改造应该广泛调动社会各界力量参与,对改造项目开展多学科的鉴定评估,尤其是在确定功能定位方面。对启新水泥厂工业遗产的再生设计应发挥公共服务作用,注重公益、亲民、共享的功能设计,使得一度寂寞的水泥工业遗产重新融入日常生活,激发大众的认同感和参与感。

4.贯彻低碳节能的理念

被动式低能耗建筑是通过多种技术手段使建筑不再主动吸收能量的综合节能形式,符合我国目前节能低碳的环保理念。启新水泥工业展览馆职工中心改造为被动式建筑,虽然面积只有 600 平方米,但气密性好,建筑物的供热、制冷能源消耗极低,公建节能标准能达到90%左右,远超我国标准。建筑内的双风道设计改变已有通风设备带来的正负、压问题,室内空气清新怡人,建筑舒适度高。

7.3.3 秦皇岛近代港口遗产改造中的地主型港口理念

秦皇岛港开埠于1898 年,是清政府的自开口岸,是河北省境内的首座真正意义的沿海港口,其中秦皇岛港的西港区是其发迹地,也是最初的码头所在。长期以来,煤炭是秦皇岛港的第一大货种,从最初的转运开滦煤炭到成为晋煤外运的首要门户。但是由于城市空间的扩张,港城矛盾在秦皇岛日益突出,港城关系的治理难度较大。由于港口生产场所占据了主城区岸线,港城居民接近亲水环境并不容易。特别是秦皇岛港的煤炭运量越大,所造成的环境负荷也越强。基于津冀港口推进协同发展、河北省沿海经济带功能重构的背景,按照秦皇岛市建设一流国际旅游城市和"以城定港"的发展战略,西港区作为具有百年历史的老港区亟待转型复兴。

鉴于港口的战略意义和特殊的经济性质,港口产业曾经长期实行公共提供,并受政府部门的严格规制。但是自 20 世纪 70 年代以来,自由主义经济思想重新盛行,从而大规模的民营化运动开始席卷世界港口部门,私人部门在港口建设和发展中扮演了越来越重要的作用。各国纷纷使港口的建设管理模式朝着"公私合作"的方向过渡,构建和谐的公私伙伴关系 (Pubic-Private-Partnership,PPP)成为港口建设的关键依托①。在港口部门建立地主港模式的核心理念是公私合作,其潜在逻辑在于无论是公共部门还是私人部门,其在港口服务的提供过程中都有独特优势。公私伙伴关系承认和利用了公共和私人部门各自的优势和特点,从而更经济、更有效地建设和运营港口。确定港口建

---

① PPP 模式是公共基础设施建设中发展起来的一种优化的项目融资与实施模式,这是一种以各参与方"双赢"为合作理念的现代融资模式。基于 PPP 的港口建设模式需要政府协调好私人部门的利润和项目的公益性两者之间的平衡关系,充分发挥公私双方的优势,降低整个港口项目的建设和经营成本,同时提高公共服务质量。

设方式意味着在政府和市场之间权衡为基础设施筹集资金的机制。由于港口具有的特殊经济性质,其发展需要政府和市场分工合作,共同发挥作用。公私双方以共同承担责任、联合投入资源的方式整合提供港口服务,构建和谐的公私伙伴关系。

地主型港口的一个重要的依托条件便是港务局或改制后的港务集团拥有较为丰富的土地资源。在满足这一条件的情况下,地主型港口滚动发展的运作机制才能得以实现。对于秦皇岛港而言,作为一个具有一百多年历史的传统大港,突出面临着新的发展境遇。第一,由于港口运行市场化程度的不断提高,相对受计划经济体制牵绊较多的秦皇岛港在业内的地位和份额显著下降,港口吞吐量的规模体量出现收缩。第二,秦皇岛港的西港区地处黄金地段,占据着宝贵的海岸线资源。第三,对于地处城市中心区内的老港区来说,其更新改造、转型再生,是世界性的潮流和趋势,城市滨水区复兴是港城微观界面再造的主体部分。

因此,秦皇岛港在确定实施"西港东迁"的整体框架之后,需要统筹考虑各方面和维度的因素及事项,特别是考虑因循地主型港口的发展理念。现有的西港区是城市中的稀缺地段,土地价值高,包揽岸线、沙滩、植被等要素在内的景观资源得天独厚,再开发的空间广阔、类型丰富,其关键是如何充分把握和利用好土地资源,形成内生动力和持续动力。在具体策略上,要珍惜现有的土地及岸线资源,滚动发展,以提供稳定的资金来源。争取各类扶持政策,对周边土地适时收储。在土地开发中要预留一定比例,使开发具有可续性,并可在各个阶段作为纠偏方向,修正失误的空间。

7.3.4　工业遗产项目景观设计理念:来自大卫·霍克尼的启示

城市中工业遗产项目的改造是承载多重功能、需要投入多重要素的综合性工程,其中表征着改造项目的外部形象乃至整体意念的便是景观设计。因此,工业遗产改造项目景观设计的质量和品位在非常大的程度上决定着整个再生方案的实际效果。基于这样的需要和考虑,工业遗产改造项目在实操的过程中必须注意强化景观工作在设计理念层面的前沿性和艺术水准。大卫·霍克尼出生在英国、后来长期在美国工作生活的著名艺术家,其在处理绘画与摄影的关系方面的认知及理念,恰好可以为工业遗产再生项目的景观设计提供参考借鉴。

霍克尼一直固执地确信人物画一直像以前那样具备强大的吸引力,虽然他也经常将照片作为绘画的参考资料,但他逐渐得出结论:我们已经被镜头所能提供的有限观察方式所奴役和束缚。他已经厌恶了照片提供的图像,同时清晰地认识到自己的责任,就是用眼睛和手去展现一个更人性化、更真实和更主观的现实。

霍克尼的记录并非是巨细的描述,而是以敏锐、迅捷的手法捕捉住物象的神韵,有时甚至强调写意的成分。霍克尼在20世纪60年代早期的作品,虽是具象,但却十分写意,可以说是一种带寓意的抽象。到20世纪60年代中期,霍克尼再次追求用更自然的方式来描绘周围的世界。在20世纪80年代,霍克尼将立体主义的切割式透视和未来主义的速度感合为一体,加上对中国绘画的散点透视和段落式取景的引用,为艺术创作增添了新的蕴涵。霍克尼的绘画一直重视具体形象,而这些形象直接摄取于社会中人们的衣食住行。他的画作在写实中略带变形,既有精细的照相写实,又有变形夸张的拼合。那种人与社会细微奥妙的变化深藏在他的作品之中。试验的愿望、投入不同的风格、使用新的材料和技术,这些都是霍克尼艺术活动的主要驱动力。

从以上霍克尼展现出的对待摄影和肖像画的态度,我们可以感悟到,在工业遗产项目改造的景观设计中首先需要对主观与客观、本体与创意的辩证关系进行充分考量和权衡。当下需要改造的工业遗产项目一般是具有悠长历史、具有各自行业建筑特征的实体性存在,虽然可能貌似破旧,但却是基本框架。所以在进行景观设计时,当然不能放弃或者说摆脱原有的素材支撑,同时,为了使得改造项目更能反映出时代特征和最新趋势,为了能更加充分地融会进去功能性和实用性,需要设计者在原有的本体基础上展开相当范围的再创作。我们可以把霍克尼语境中的具象描述翻译为当前主题的形体版本,而把写意和抽象理解成设计者针对项目个性的重新谋划。应该说这两方面的基准都是改造项目景观设计环节的必要组成,而且从某种程度上讲,更能反映设计人员功力的是对整体风格的灵活把握和掌控,对不同色彩和建筑材料的适当选拼。因此,正像霍克尼所强调的那样,工业遗产改造项目既要有精细的照相写实,又要有变形夸张的拼合,这正是大家所共同倡导的艺术魅力在特定主题领域的萌发与彰显。

附　　录

附录一　唐山市工业遗产再生设计调查问卷

唐山市工业遗产再生设计调查问卷(经营管理者)

1.能反映唐山市近代工业历史的老工厂,您知道几家?

A.1 家　　　　　　B.2 家　　　　　　C.3 家　　　　　　D.4 家及以上

2.您去过博物馆参观吗?

A. 不会　　　　　　　　　　　B. 时间允许会

C. 只去省级以上博物馆　　　　D. 不知道唐山工业博物馆

3.您认为唐山市的老工业企业外迁后还有保留原址并进行再生改造的必要吗?

A. 推倒建新的　　　　　　　B. 应该保留

C. 应该改造后保留　　　　　D. 我不关心

4.您认为唐山市的老工业基地改造时是否要体现唐山市的城市精神?

A. 体现抗震精神　　　　　　B. 体现近代工业城市特色

C. 公共环境需要,企业经营无所谓

5.您认为唐山市的工业遗产改造应该如何与周围环境相契合?

A. 最好能和周围环境匹配,显得协调　B. 更加强调改造项目的自身效果

C. 无所谓,主要靠项目

6.您期许唐山市的老工业基地改造后有哪些主要职能? (可多选)

A. 休闲商圈　　　　　　　　B. 文化创意产业基地

C. 公园、广场等群众活动场所　　D. 特色博物馆

7.其他城市的工业遗产改造项目您去过几个?

A. 没去过　　　　　B.1 个　　　　　C.2 个　　　　　D.3 个及以上

8.您觉得在工业遗产改造项目中投资经营最吸引您的是什么?

A.政府扶持下的低廉租金　　　　　　B.地段比较有优势

C.形成了新的产业集聚,有自己的商业特色

D.对厂区有感情,想让她重获活力

9.您对现有的唐山市工业遗产改造项目有哪些不满意的地方?

A.雷声大雨点小,没有项目招商时承诺得好

B.政府参与管理的力度不够,对外宣传也不足

C.整个城市的氛围不足,适用于一线城市的经营活动在唐山难以开展

D.物业管理跟不上,和起步期有很大差别

10.您有放弃在工业遗产改造项目中投资经营的计划吗?

A.有,挣不到钱

B.想过,周围还有未开发的,觉得还有希望

C.没有,什么生意刚开始都艰难,会慢慢好起来

D.没有,我现在生意很好,很有信心

11.请您对唐山市目前已经基本完成的几个工业遗产改造项目(主要包括开滦国家矿山公园、启新1889、唐山工业博物馆等)的实际效果打分,每项满分为10分。

艺术价值(　　)分　　　经济效益(　　)分　　　公共职能(　　)分

环境契合度(　　)分　　　城市精神(　　)分

唐山市工业遗产再生设计调查问卷(规划设计者)

12.能反映唐山市近代工业历史的老工厂,您知道几家?

A.1家　　　　　　B.2家　　　　　　C.3家　　　　　　D.4家及以上

13.您认为唐山市的老工业企业外迁后还有保留原址且进行再生改造的必要吗?

A.推倒建新的　　　　　　B.应该保留

C.应该改造后保留　　　　　　D.我不关心

14.工业遗产再生改造项目的技术难点主要是?

A.既要有时代气息,又要保留原有工业特色

B.要得到广大市民的认可

C.很多建筑设备老化,改造难度大

D.经费不够

15. 您认为唐山市的工业遗产改造要突出体现唐山市的那种城市精神？

A. 体现抗震精神　　　　　　　B. 体现近代工业城市特色

C. 体现现代城市的幸福感

16. 您认为唐山市的工业遗产改造是否要和周围环境相契合？

A. 比较需要　　　B. 不需要　　　C. 非常需要

17. 您认为唐山市的工业遗产改造后的主要职能是？（可多选）

A. 休闲商圈　　　　　　　　　B. 文化创意产业基地

C. 公园、广场等群众活动场所　　D. 特色博物馆

18. 您觉得唐山市适合开展工业遗产旅游项目吗？

A. 不合适　　　B. 越快越好　　　C. 开展起来有困难，但可以尝试

19. 您的外地亲友来唐山旅游，会带他们去工业遗产改造项目参观吗？

A. 非常有特色才会　　　　　　B. 时间够才会

C. 离家近才会　　　　　　　　D. 不会，觉得没意思

20. 您觉得唐山市的工业遗产改造能助推城市经济转型吗？

A. 能　　　　　　　　　　　　B. 不能

C. 无所谓　　　　　　　　　　D. 不容易，作用不算大

21. 您觉得唐山市的工业遗产改造后能创造新的艺术价值吗？

A. 能　　　　　　　　　　　　B. 不能

C. 看设计师的水平　　　　　　D. 看经营者的商业方向

22. 唐山市已建好的工业遗产改造项目您去过吗？

A. 去过 1 家　　　　　　　　　B. 没去过

C. 单位组织去才去　　　　　　D. 去过两家以上

23. 去唐山市现有的工业遗产改造项目的主要困难是？

A. 公共交通不便　B. 门票收费高　C. 不好停车　　　D. 不感兴趣

24. 去唐山市现有的工业遗产改造项目的主要动因是？

A. 工作需要　　　　　　　　　B. 好奇

C. 大家都去过，我也要去　　　D. 特色商业活动吸引

25. 请您对唐山市目前已经基本完成的几个工业遗产改造项目（主要包括开滦国家矿山公园、启新 1889、唐山工业博物馆等）的实际效果打分，每项满分 10 分。

艺术价值（　　）分　　　经济效益（　　）分　　　公共职能（　　）分

环境契合度（　　）分　　　城市精神（　　）分

唐山市工业遗产再生设计调查问卷(市民)

26. 能反映唐山市近代工业历史的老工厂,您知道几家?

A. 1 家　　　　　　B. 2 家　　　　　　C. 3 家　　　　　　D. 4 家及以上

27. 唐山市的老工业生产厂家中您的亲人在什么系统工作?

A. 煤炭行业　　　　B. 钢铁行业　　　　C. 陶瓷行业　　　　D. 纺织行业

E. 水泥行业

28. 唐山市的老工业建筑是否承载了您的旧时记忆?

A. 小时在厂区附近长大　　　　　　B. 一直在工厂工作

C. 在厂区附近居住

29. 您认为唐山市的老工业企业外迁后还有保留原址且进行再生改造的必要吗?

A. 推倒建新的　　　　　　　　　　B. 应该保留

C. 应该改造后保留　　　　　　　　D. 我不关心

30. 您认为唐山市的工业遗产改造要突出体现唐山市的哪种城市精神?

A. 体现抗震精神　　　　　　　　　B. 体现近代工业城市特色

C. 体现现代城市的幸福感

31. 您认为唐山市的工业遗产改造是否要和周围环境相契合?

A. 比较需要　　　　B. 不需要　　　　C. 非常需要

32. 您认为唐山市的工业遗产改造后的主要职能是?(可多选)

A. 休闲商圈　　　　　　　　　　　B. 文化创意产业基地

C. 公园、广场等群众活动场所　　　　D. 特色博物馆

33. 您希望唐山市开展工业遗产旅游项目吗?

A. 比较希望　　　　　　　　　　　B. 越快越好

C. 开展起来有困难　　　　　　　　D. 不知道什么是工业旅游

34. 您的外地亲友来唐旅游,会带他们去工业遗产改造项目参观吗?

A. 非常有特色才会　　　　　　　　B. 时间够才会

C. 离家近才会　　　　　　　　　　D. 不会,觉得不好玩

35. 您觉得唐山市的工业遗产改造能助推城市经济转型吗?

A. 能　　　　　　　　　　　　　　B. 不能

C. 无所谓　　　　　　　　　　　　D. 不容易,作用不算大

36. 您觉得唐山市的老工业基地改造后能创造新的艺术价值吗?

A. 能　　　　　　　　　　　　　　B. 不能

C. 看设计师的水平　　　　　　　　D. 不知道什么是艺术价值

37. 唐山市已建好的工业遗产改造项目您去过吗？

A. 去过 1 家　　　　　　　　B. 没去过

C. 单位组织去才去　　　　　　D. 去过两家以上

38. 去唐山市现有的工业遗产改造项目的主要困难是？

A. 公共交通不便　B. 门票收费高　　C. 不好停车　　　D. 不感兴趣

39. 去唐山市现有的工业遗产改造项目的主要动因是？

A. 周末带孩子玩　　　　　　　B. 好奇

C. 大家都去过，我也要去　　　D. 特色商业活动吸引

40. 请您对唐山市目前已经基本完成的几个工业遗产改造项目（主要包括开滦国家矿山公园、启新 1889、唐山工业博物馆等）的实际效果打分，每项满分 10 分。

艺术价值（　　）分　　　经济效益（　　）分　　　公共职能（　　）分

环境契合度（　　）分　　　城市精神（　　）分

唐山市工业遗产再生设计调查问卷（外来游客）

41. 能反映唐山市近代工业历史的老工厂，您知道几家？

A. 1 家　　　　　B. 2 家　　　　　C. 3 家　　　　　D. 4 家及以上

42. 您来唐山会去工业博物馆类项目参观吗？

A. 不会　　　　　　　　　　　B. 时间允许会

C. 只去省级博物馆　　　　　　D. 不知道唐山有工业博物馆

43. 您的家乡是否有工业遗产改造项目，您去过吗？

A. 没有　　　　　B. 有，但没去过　　C. 没有

44. 您认为唐山市的老工业企业外迁后还有保留原址且进行再生改造的必要吗？

A. 推倒建新的　　　　　　　　B. 应该保留

C. 应该改造后保留　　　　　　D. 我不关心

45. 您认为唐山市的工业遗产改造要突出体现唐山市的哪种城市精神？

A. 体现抗震精神　　　　　　　B. 体现近代工业城市特色

C. 体现现代城市的幸福感

46. 您希望唐山市开展工业遗产旅游项目吗？

A. 比较希望　　　　　　　　　B. 越快越好

C. 不知道什么是工业旅游

47. 唐山市已建好的工业遗产改造项目您去过吗？

A. 去过 1 个　　　　B. 没去过　　　　C. 去过 2 个以上

48. 您去唐山市工业遗产改造项目参观的主要困难是?

A. 交通不便　　　　B. 门票收费高　　　C. 没时间　　　　　D 不感兴趣

49. 去唐山市现有的工业遗产改造项目的主要动因是?

A. 让孩子了解近代工业文明　　　　B. 好奇

C. 有人去过,说不错　　　　　　　D. 特色商业活动吸引

50. 您认为唐山市的工业遗产改造后的主要职能是? (可多选)

A. 休闲商圈　　　　　　　　　　B. 文化创意产业基地

C. 公园、广场等群众活动场所　　　D. 特色博物馆

51. 如果您决定唐山的工业遗产改造项目参观旅游,准备投入多少时间?

A. 半天时间　　　　　　　　　　B. 找最有特色的,用一两个小时看看

C. 用一天时间全面了解　　　　　　D. 从车上随便看看

52. 请您对唐山市目前已经基本完成的几个工业遗产改造项目(主要包括开滦国家矿山公园、启新1889、唐山工业博物馆等)的实际效果打分,每项满分10分。

艺术价值(　　)分　　　经济效益(　　)分　　　公共职能(　　)分

环境契合度(　　)分　　　城市精神(　　)分

调查结果统计

四类主体给出多维评分的雷达图,如附图 1 – 1 至附图 1 –4 所示

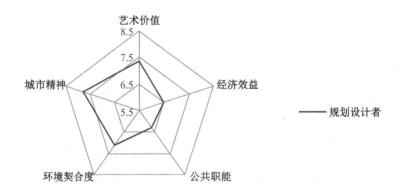

附图 1 –1　规划设计者雷达图

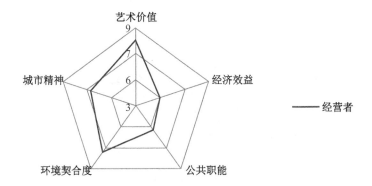

附图 1－2　经营者雷达图

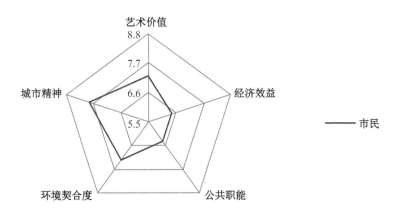

附图 1－3　市民雷达图

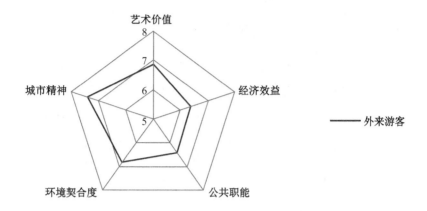

附图 1 − 4　外来游客雷达图

附录二　《国家工业遗产管理暂行办法》

　　《国家工业遗产管理暂行办法》由中华人民共和国工业和信息化部2018年11月19日印发。该办法从认定程序、保护管理、利用发展、监督检查等方面,对开展国家工业遗产保护利用及相关管理工作进行了明确规定。办法自发布之日起施行。

第一章　总　则

　　第一条　为推动工业遗产保护利用,发展工业文化,根据《中共中央办公厅 国务院办公厅关于实施中华优秀传统文化传承发展工程的意见》《国务院办公厅关于推进城区老工业区搬迁改造的指导意见》,以及《工业和信息化部 财政部关于推进工业文化发展的指导意见》,制定本办法。

　　第二条　开展国家工业遗产保护利用及相关管理工作,适用本办法。

　　第三条　本办法所称国家工业遗产,是指在中国工业长期发展进程中形成的,具有较高的历史价值、科技价值、社会价值和艺术价值,经工业和信息化部认定的工业遗存。

　　国家工业遗产核心物项是指代表国家工业遗产主要特征的物质遗存和非物质遗存。物质遗存包括作坊、车间、厂房、管理和科研场所、矿区等生产储运设施,以及与之相关的生活设施和生产工具、机器设备、产品、档案等;非物质遗存包括生产工艺知识、管理制度、企业文化等。

　　第四条　开展国家工业遗产保护利用管理工作,应当发挥遗产所有权人的主体作用,坚持政府引导、社会参与,保护优先、合理利用,动态传承、可持续发展的原则。

　　第五条　工业和信息化部负责国家工业遗产认定等管理工作,指导地方和企业开展工业遗产保护利用工作。

　　省级工业和信息化主管部门、中央企业公司总部负责组织本行政区域内或本企业国家工业遗产的申报、推荐工作,协助工业和信息化部对国家工业遗产保护利用工作进行监督管理。

　　第六条　鼓励和支持公民、法人和社会机构通过科研、科普、教育、捐赠、公益活动、设立基金等多种方式参与国家工业遗产保护利用工作。

第二章　认定程序

第七条　申请国家工业遗产,需工业特色鲜明,并具备以下条件:

(一)在中国历史或行业历史上有标志性意义,见证了本行业在世界或中国的发端、对中国历史或世界历史有重要影响、与中国社会变革或重要历史事件及人物密切相关;

(二)工业生产技术重大变革具有代表性,反映某行业、地域或某个历史时期的技术创新、技术突破,对后续科技发展产生重要影响;

(三)具备丰富的工业文化内涵,对当时社会经济和文化发展有较强的影响力,反映了同时期社会风貌,在社会公众中拥有广泛认同;

(四)其规划、设计、工程代表特定历史时期或地域的风貌特色,对工业美学产生重要影响;

(五)具备良好的保护和利用工作基础。

第八条　由遗产所有权人提出申请,经所在地县级或市级人民政府同意,通过省级工业和信息化主管部门初审后报工业和信息化部;中央企业直接向公司总部提出申请,由公司总部初审后报工业和信息化部。

遗产项目涉及多个所有权人的,应协商一致后联合提出申请。

第九条　遗产所有权人应当按要求提交书面申请,同时提交以下文件、材料(复印件):

(一)遗产产权证明;

(二)图片、图纸、档案、影像资料;

(三)管理制度和措施;

(四)保护与利用规划;

(五)其他可以证明遗产价值的文件、材料。

上述材料内容均不得涉及国家秘密。

第十条　工业和信息化部组织专家对申请项目进行评审和现场核查,经审查合格并公示后,公布国家工业遗产名单并授牌。

第三章　保护管理

第十一条　国家工业遗产所有权人应当在遗产区域内醒目位置设立标志,内容包括遗产的名称、标识、认定机构名称、认定时间和相关说明。国家工业遗产标识由工业和信息化部发布。

第十二条　国家工业遗产所有权人应当在遗产区域内设立相应的展陈设施,宣传遗产重要价值、保护理念、历史人文、科技工艺、景观风貌和品牌内涵等。

第十三条　鼓励各地方人民政府和省级工业和信息化主管部门将国家工业遗产的保护利用工作纳入相关规划,通过专项资金(基金)等方式支持国家工业遗产的保护利用。

第十四条　国家工业遗产所有权人应当设置专门部门或由专人监测遗产的保存状况,划定保护范围,采取有效保护措施,保持遗产格局、结构、样式和风貌特征,确保核心物项不被破坏。遗产格局、结构、样式和风貌特征出现较大改变的应当及时恢复,核心物项如有损毁的应当及时修复。有关情况应在 30 个工作日内通过省级工业和信息化主管部门或有关中央企业公司总部向工业和信息化部报告。

第十五条　国家工业遗产所有权人应当建立完备的遗产档案,记录国家工业遗产的核心物项保护、遗存收集、维护修缮、发展利用、资助支持等情况,收藏相关资料并存档。工业和信息化部负责建立和完善国家工业遗产档案数据库,国家工业遗产所有权人应当予以配合。

第十六条　国家工业遗产的核心物项调整按原申请程序提出。

第十七条　国家工业遗产所有权人应当按照工业和信息化部的要求,向省级工业和信息化主管部门或有关中央企业公司总部提交遗产保护利用工作年度报告,内容包括当年工作总结、下一年的工作计划、国家工业遗产权属变更和规划调整情况等。

第四章　利用发展

第十八条　国家工业遗产的利用,应当符合遗产保护与利用规划要求,充分听取社会公众的意见,科学决策,保持整体风貌,传承工业文化。

第十九条　加强对国家工业遗产的宣传报道和传播推广,综合利用互联网、大数据、云计算等高科技手段,开展工业文艺作品创作、展览、科普和爱国主义教育等活动,弘扬工匠精神、劳模精神和企业家精神,促进工业文化繁荣发展。

第二十条　支持有条件的地区和企业依托国家工业遗产建设工业博物馆,发掘整理各类遗存,完善工业博物馆的收藏、保护、研究、展示和教育功能。

第二十一条　支持利用国家工业遗产资源,开发具有生产流程体验、历史人文与科普教育、特色产品推广等功能的工业旅游项目,完善基础设施和配套服务,打造具有地域和行业特色的工业旅游线路。

第二十二条　鼓励利用国家工业遗产资源,建设工业文化产业园区、特色小镇(街区)、创新创业基地等,培育工业设计、工艺美术、工业创意等业态。

第二十三条　鼓励强化工业遗产保护利用学术研究,加强工业遗产资源调查,开展专业培训及国内外交流合作,培育支持专业服务机构发展,提升工业遗产保护利用水平和能力,扩大社会影响。

第五章　监督检查

第二十四条　工业和信息化部对国家工业遗产保护利用工作进行指导和监督。省级工业和信息化主管部门、有关中央企业公司总部应根据工业和信息化部要求,组织开展本行政区域内或本企业的国家工业遗产保护情况的检查和评估工作,向工业和信息化部及时报告检查、评估发现的问题。

第二十五条　鼓励社会公众对国家工业遗产保护利用工作进行监督,公众发现国家工业遗产保护利用不符合本办法规定的,可向工业和信息化部反映。

第二十六条　国家工业遗产核心物项损毁并无法修复,不再符合认定条件的,由工业和信息化部将其从国家工业遗产名单中移除,遗产所有权人及有关方面不得继续使用"国家工业遗产"字样和相关标志、标识。

第六章　附　　则

第二十七条　省级工业和信息化主管部门可结合本地区实际,参照本办法组织开展省级工业遗产的认定和管理工作。

第二十八条　本办法由工业和信息化部负责解释,自发布之日起施行。

附录三　国家工业遗产名单

　　首批国家工业遗产采取试点工作形式,工业和信息化部根据《关于推进工业文化发展的指导意见》和《关于开展国家工业遗产认定试点申报工作的通知》,于2017年在辽宁、浙江、江西、山东、湖北、重庆和陕西等省市开展了首批试点工作,随后又相继开展了第二批和第三批的申报认定。申报工作明确提出,要在做好有效保护的前提下,通过不断发掘工业遗产蕴含的丰富价值,探索保护利用新模式,进一步传承和发扬中国特色工业文化,为制造强国建设提供有力支撑。

　　国家工业遗产申报范围主要包括:1980年前建成的厂房、车间、矿区等生产和储运设施,以及其他与工业相关的社会活动场所。申请国家工业遗产需要工业特色鲜明、工业文化价值突出、遗产主体保存状况良好、产权关系明晰,并具备以下条件:第一,在中国历史或行业历史上有标志性意义,见证了本行业在世界或中国的发端、对中国历史或世界历史有重要影响、与中国社会变革或重要历史事件及人物密切相关,具有较高的历史价值。第二,具有代表性的工业生产技术,反映某行业、地域或某个历史时期的技术创新、技术突破等重大变革,对后续科技发展产生重要影响,具有较高的科技价值。第三,具备丰厚的工业文化内涵,对当时社会经济和人文发展有较强的影响力,反映了同时期社会风貌,在社会公众中拥有强烈的认同和归属感,具有较高的社会价值。第四,规划、设计、工程代表特定历史时期或地域的工业风貌,对工业后续发展产生重要影响,具有较高的艺术价值。第五,具备良好的保护和利用工作基础。

　　到目前为止,工业和信息化部共认定了三批102处国家工业遗产。其中国家工业遗产名单(第一批)11处(2017年12月22日公布,见附表3-1)、国家工业遗产名单(第二批)42处(2018年11月21日公布,见附表3-2)、国家工业遗产名单(第三批)49处(2019年12月19日公布,见附表3-3)。这三批国家工业遗产名单分别如下,其中黑色字体的为地处河北省的项目。

附表 3 - 1　国家工业遗产名单(第一批)

序号	名称	地址
1	张裕酿酒公司	山东省烟台市芝罘区
2	鞍山钢铁厂	辽宁省鞍山市铁西区
3	旅顺船坞	辽宁省大连市旅顺口区
4	景德镇国营宇宙瓷厂	江西省景德镇市珠山区
5	西华山钨矿	江西省赣州市大余县
6	本溪湖煤铁公司	辽宁省本溪市溪湖区
7	宝鸡申新纱厂	陕西省宝鸡市金台区
8	温州矾矿	浙江省温州市苍南县
9	菱湖丝厂	浙江省湖州市南浔区
10	重钢型钢厂	重庆市大渡口区
11	汉冶萍公司——汉阳铁厂	湖北省武汉市汉阳区
	汉冶萍公司——大冶铁厂	湖北省黄石市西塞山区
	汉冶萍公司——安源煤矿	江西省萍乡市安源区

附表 3 - 2　国家工业遗产名单(第二批)

序号	名称	地址
1	国营 738 厂	北京市朝阳区
2	国营 751 厂	北京市朝阳区
3	北京卫星制造厂	北京市海淀区
4	原子能"一堆一器"	北京市房山区
5	井陉煤矿	河北省石家庄市井陉矿区
6	秦皇岛西港	河北省秦皇岛市海港区
7	开滦矿务局秦皇岛电厂	河北省秦皇岛市海港区
8	山海关桥梁厂	河北省秦皇岛市山海关区
9	开滦唐山矿	河北省唐山市路北区
10	启新水泥厂	河北省唐山市路北区
11	太原兵工厂	山西省太原市杏花岭区
12	阳泉三矿	山西省阳泉市矿区
13	沈阳铸造	辽宁省沈阳市铁西区
14	国营庆阳化工厂	辽宁省辽阳市文圣区

附表 3 - 2（续）

序号	名称	地址
15	铁人一口井	黑龙江省大庆市红岗区
16	金陵机器局	江苏省南京市秦淮区
17	永利化学工业公司铔厂	江苏省南京市江北新区
18	茂新面粉厂旧址	江苏省无锡市梁溪区
19	大生纱厂	江苏省南通市港闸区
20	合肥钢铁厂	安徽省合肥市瑶海区
21	泾县宣纸厂	安徽省宣城市泾县
22	李渡烧酒作坊遗址	江西省南昌市进贤县
23	济南第二机床厂	山东省济南市槐荫区
24	青岛啤酒厂	山东省青岛市市北区
25	青岛国棉五厂	山东省青岛市市北区
26	第一拖拉机制造厂	河南省洛阳市涧西区
27	洛阳矿山机器厂	河南省洛阳市涧西区
28	铜绿山古铜矿遗址	湖北省黄石市大冶市
29	安化第一茶厂	湖南省益阳市安化县
30	成都国营红光电子管厂	四川省成都市成华区
31	泸州老窖窖池群及酿酒作坊	四川省泸州市江阳区、龙马潭区
32	中国工程物理研究院院部机关旧址	四川省绵阳市梓潼县
33	五粮液窖池群及酿酒作坊	四川省宜宾市翠屏区、叙州区
34	茅台酒酿酒作坊	贵州省遵义市仁怀市
35	黎阳航空发动机公司	贵州省安顺市平坝区
36	石龙坝水电站	云南省昆明市西山区
37	昆明钢铁厂	云南省昆明市安宁市
38	王石凹煤矿	陕西省铜川市印台区
39	延长石油厂	陕西省延安市延长县
40	中核四0四厂	甘肃省
41	刘家峡水电站	甘肃省临夏回族自治州永靖县
42	可可托海矿务局	新疆维吾尔自治区阿勒泰地区富蕴县

附表 3-3　国家工业遗产名单(第三批)

序号	名称	地址
1	北京珐琅厂	北京市东城区
2	度支部印刷局	北京市西城区
3	大港油田港 5 井	天津市滨海新区
4	**开滦赵各庄矿**	**河北省唐山市古冶区**
5	"刘伯承工厂"旧址	山西省长治市潞州区
6	石圪节煤矿	山西省长治市潞州区
7	高平丝织印染厂	山西省晋城市高平市
8	抚顺西露天矿	辽宁省抚顺市望花区
9	营口造纸厂	辽宁省营口市站前区
10	大连冷冻机厂铸造工厂	辽宁省大连市沙河口区
11	一重富拉尔基厂区	黑龙江省齐齐哈尔市富拉尔基区
12	龙江森工桦南森林铁路	黑龙江省佳木斯市
13	上海造币厂	上海市普陀区
14	常州恒源畅厂	江苏省常州市钟楼区
15	恒顺镇江香醋传统酿造区	江苏省镇江市润州区
16	洋河老窖池群及酿酒作坊	江苏省宿迁市宿城区
17	绍兴鉴湖黄酒作坊	浙江省绍兴市柯桥区
18	古井贡酒年份原浆传统酿造区	安徽省亳州市谯城区
19	贵池茶厂	安徽省池州市贵池区
20	歙县老胡开文墨厂	安徽省黄山市歙县
21	泉州源和堂蜜饯厂	福建省泉州市鲤城区
22	福建红旗机器厂	福建省龙岩市长汀县
23	景德镇明清御窑厂遗址	江西省景德镇市珠山区
24	景德镇国营为民瓷厂	江西省景德镇市珠山区
25	吉州窑遗址	江西省吉安市吉安县
26	兴国官田中央兵工厂	江西省赣州市兴国县
27	潍坊大英烟公司	山东省潍坊市奎文区
28	东阿阿胶厂 78 号旧址	山东省聊城市东阿县

附表 3 – 3（续）

序号	名称	地址
29	湖北 5133 厂	湖北省襄阳市老河口市
30	华新水泥厂旧址	湖北省黄石市黄石港区
31	中核二七二厂铀水	湖南省衡阳市珠
32	南风古灶	广东省佛山市禅城区
33	核工业 816 工程	重庆市涪陵区
34	重庆长风化工厂	重庆市长寿区
35	成都水井街酒坊	四川省成都市锦江区
36	自贡井盐（大安盐厂、东源井、燊海井）	四川省自贡市贡井区、大安区
37	攀枝花钢铁厂	四川省攀枝花市东区
38	洞窝水电站	四川省泸州市龙马潭区
39	隆昌气矿圣灯山气 田旧址	四川省内江市隆昌市
40	核工业受控核聚变实验旧址	四川省乐山市市中区
41	嘉阳煤矿老矿区	四川省乐山市犍为县
42	六枝矿区	贵州省六盘水市六枝特区
43	贵州万山汞矿	贵州省铜仁市万山区
44	云南凤庆茶厂老厂区	云南省临沧市凤庆县
45	羊八井地热发电试验设施	西藏自治区拉萨市当雄县
46	红光沟航天六院旧址	陕西省宝鸡市凤县
47	中科院国家授时中心蒲城长短波授时台	陕西省渭南市蒲城县
48	定边盐场	陕西省榆林市定边县
49	中核 504 厂	甘肃省兰州市西固区

附录四　河北省工业遗产改造最新进展的调研

当下中国城镇化已经进入到以存量为主的发展阶段,城市更新成为了这一阶段城镇化进程中新的增长点。工业遗产作为城市更新的重要组成部分,在社会物质需求与思想能量日益增长的今天,蕴含了时代及城市的记忆,以及可以创造出巨大经济力量的空间价值。如何使其在新时代下实现转型复兴,带动城市发展,是各国城市发展面对的共同课题。河北省的工业发展起步于洋务运动时期,后来随着城市发展和产业结构优化产生大量的工业遗存。近年来,河北省工业遗产的保护和再生更新取得了很大进展,很多项目取得了阶段性成绩,在工业遗产转型的站位、视野、渠道、保障等方面都有了长足进步。但就当前的工业遗产整体状况而言,保护意识还不够强,很多有价值的工业遗产并未受到足够重视,研究范围也相对局限。

一、唐山市工业遗产旅游的全方位开展

旅游是工业遗产改造项目众多公共功能中的重要一环。唐山市工业遗产数量居全国前列,在工业遗产旅游方面,已经取得了很大进展,一系列相关事项有了突破。2017 年,唐山开滦国家矿山公园入围国家工业遗产旅游基地。国家工业遗产旅游基地的评选标准是:资源吸引力强;具有历史、文化、技术、社会、建筑或科学价值;主题突出,特色鲜明;市场认知度高;接待服务良好;旅游公共服务设施完善;餐饮、住宿等旅游要素相对齐全;安全管理制度健全;景区运行安全有序。同在 2017 年,"工业旅游:工业城市的创新转型引擎"主题论坛在唐山举行,探析了工业城市转型升级的路径,以及如何依托工业遗产项目实现城市转型升级、跨越发展。

2018 年 10 月,第二届中国工业旅游产业发展联合大会在唐山市召开,工业遗产旅游成为本次大会的重点内容。唐山"复活"的工业遗产正如一张张靓丽的城市新名片,给来自全国各地的游客留下深刻印象。唐山市厚重的工业历史和文化,为工业遗产旅游发展奠定了基础。近年来,唐山市工业遗产旅游异军突起,诸多大型工业企业以自身的工业文化肌理为核心,运用创意思维激活遗产价值,积极探索工业遗产旅游发展道路。为挖掘城市工业文化、传承城市历史文脉,结合唐山开埠 140 周年系列纪念活动,在提升原有启新水泥工业遗产

旅游区等景区的同时,新建了中国铁路源头博物馆、汉斯·昆德故居博物馆、金达纪念馆等一批新项目;在"开滦140年采煤沉降区"上开发建设的南湖景区,全新打造了灯光秀、中国唐山皮影主题乐园、足球公园及足球主题酒店、唐山饮食文化博物馆等新产品,如附图4-1至附图4-5所示。

附图4-1　开滦国家矿山公园井下探秘游

资料来源:作者拍摄

附图4-2　金达纪念馆

资料来源:唐山市人民政府门户网站

附图4-3　唐山皮影主题乐园

资料来源:作者拍摄

附图4-4　唐山南湖足球主题酒店

资料来源:作者拍摄

附图4-5　唐山饮食文化博物馆

资料来源:搜狐

　　唐山在开展工业旅游项目建设的同时,更在着力提升游客工业旅游体验,利用高科技增添互动趣味环节。比如,在汉斯·昆德故居博物馆、金达纪念馆,引入了最新 AR/MR 科技手段,丰富原有工业遗产旅游产品的内涵。在南湖旅游景区,新增龙山阁观景台俯瞰 AR 全景导览、丹凤朝阳广场 AR 灯光秀,嘉宾和游客通过手机扫描,就能轻松地了解园内的各种景观信息。此外,在开滦国家矿山公园和中国(唐山)工业博物馆,还能体验到中国铁路 0 公里标牌 AR 互动合影和中国工业发展缩影 AR 时光隧道等。游客们感受到的是唐山珍视工业文明资源,激活工业文化潜能,实施工业遗产旅游品牌战略,深入推进旅游供给侧结构性改革取得的卓越成果。

　　唐山南湖旅游景区是国家 AAAA 级景区,总体规划面积 30 平方公里,是融自然生态、历史文化和现代文化为一体的大型城市生态风景区,如附图 4-6 所示。在唐山南湖旅游景区,湖水、绿地、城市森林、花卉组合成了天然的生态景观。由工业废弃地到山水相宜的生态风景区,南湖的诞生可以用"奇迹"这个词

附图 4-6　唐山南湖灯光秀
资料来源:唐山市人民政府门户网站

来概括。2016 年,在这里成功举办了唐山世界园艺博览会。

　　"中国铁路源头游"用中国最古老的铁路和世界最先进的氢燃料动力机车,连接起南湖生态旅游风景区、开滦国家矿山公园、启新 1889 水泥工业博物馆等特色工业旅游景区,实现同根同源的工业遗迹在文化脉络和交通线路上的整合串联,如附图 4-7 至附图 4-10 所示。

附图 4-7　中国铁路源头游(1)
资料来源:唐山市人民政府门户网站

附图 4-8 中国铁路源头游(2)
资料来源:作者拍摄

附图4-9 复建的中国第一座
火车站——唐山站
资料来源:唐山市人民政府门户网站

附图4-10 蒸汽机车观光园
资料来源:作者拍摄

唐山是一座伴随着中国近代工业兴起而成长起来的城市。无论是几百年前因陶瓷作坊而集聚成的小村落,还是百年前因洋务运动兴办煤矿、铁路而声名鹊起的工业重镇,再到如今的现代化滨海新城,它给人的印象总与工业有着不解之缘。如今,唐山把工业旅游作为推进转型升级、再创辉煌的必由之路,依托丰富的工业遗产,谋划实施了一批工业遗产旅游项目,让这座传统工业城市在百年沉淀中厚积薄发、美丽蜕变。

二、邯郸市基于工业遗产转型的城市规划设计大赛

2020年初,第三届河北国际城市规划设计大赛在邯郸市举行,本次大赛旨在共同探讨工业遗产转型带动城市复兴的策略和方法,汇聚全球顶尖设计大师智慧,对其城市发展中面临的难题,提供创意性的解决方案。邯郸市是国家历史文化名城,这里有赵王城遗址、广府古城等宝贵的文化历史资源。邯郸钢铁集团(以下简称邯钢)作为邯郸市的支柱企业,为邯郸市的发展做出了突出贡献。然而随着时代发展,位于市中心区域的厂区给当下邯郸城市发展带来了压力。如何利用好邯钢东厂区的工业遗产,让其成为邯郸发展的新动力,是本届大赛的课题之一,如附图4-11至附图4-12所示。

本次大赛包含"工业遗产转型复兴"邯钢片区城市设计国际大师邀请赛、"新技术引领下的品质城市"第三届Q-City国际青年设计师竞赛两场赛事。邯钢片区城市设计国际大师邀请赛围绕"工业遗产转型复兴",以承载着邯郸市工业记忆和历史积淀的邯钢东厂区为基底,邀请国内外顶级设计大师团队通过竞赛方式,以"世界眼光、国际标准"为邯钢片区规划提供新策略、新方案,为邯

郸转型发展创作前瞻性、适宜性的规划蓝图,实现工业文明的动态传承及可持续发展,并结合时代特点为其注入新的文化内涵。在合理保护工业遗产的前提下,对以邯钢东厂区为核心的约8.66平方千米范围进行概念规划设计;在概念规划设计范围以内自主选取总面积约1平方千米范围进行详细城市设计,通过创造性转变和创新性设计,实现工业文明的动态传承及转型复兴,并结合时代特点为其注入新的文化内涵,最终带动邯郸城市的整体高质量发展。第三届Q-City国际青年设计师竞赛则是以"新技术引领下的品质城市"为题,以新技术为切入点,面向全球征集富有创意的城市微空间更新方案。

附图4-11 邯钢东厂区
资料来源:邯郸广电网

附图4-12   规划设计团队在邯钢
东厂区踏勘调研
资料来源:邯郸广电网

三、开滦赵各庄矿入选第三批国家工业遗产名单

2019年底,国家工业和信息化部公布第三批国家工业遗产名单,开滦赵各庄矿成功入选。至此,由开滦早期创办的5家工业遗存都入选了国家工业遗产名单(开滦唐山矿、启新水泥厂、秦皇岛西港、开滦矿务局秦皇岛电厂第二批入选)。这突显了开滦在中国近代工业发展史上的重要地位,向世人展现出"中国近代工业从这里走来"的深厚文化底蕴。

开滦赵各庄矿始建于1906年,已有百年开采史,如附图4-13至附图4-16所示。核心保护物项包括1、2、3、4号井井架,1号井绞房及内部绞车设备,建矿初期使用的工具及工牌,9、10号洋房,图纸。1909年2月14日,1、2、3号井动工开凿,1910年1月14日正式生产出煤。目前,1、2、3、4号井及当年开凿的井下巷道工程,1、3、4号井绞车房及天桥保存完整,其中1号井绞车房还在使用中。9、10号洋房均为原始建筑,2012年10号洋房被评定为省级文物保护单位。当时住在10号洋房的人都是开滦煤矿的矿师和高级员司,旁边的9号洋房居住的是相当于矿师的参谋。

附图 4 - 13　开滦赵各庄矿

资料来源:唐山文明网

附图 4 - 14 开滦赵各庄矿 10 号洋房

资料来源:唐山文明网

　　开滦赵各庄矿工业遗产在工业设备与设计、建筑设计与建造等诸多方面均具有开创性,是中国传统工业与西方工业文明相结合的典型代表,对于研究中国煤炭工业的兴起和发展变革,以及生产方式、采煤工艺演变、生产技术的沿革更替具有重要的科学价值。开滦赵各庄矿在百余年历史进程中,积淀了深厚的历史文化和红色记忆,形成了赵各庄矿工人"敢于为首,追求不渝"的光荣传统,至今仍保留着一批典型稀有、极为珍贵的煤矿生产遗迹和红色记忆史料,为企业转型发展,走文化产业发展之路,提供了底蕴深厚的文化资源。

附图 4 - 15　开滦赵各庄矿

10 号洋房的院落

资料来源:作者拍摄

附图 4 - 16　开滦赵各庄矿 9 号洋房

资料来源:作者拍摄

参考文献

[1]陈惠君.浅谈可再生能源的利用[J].科学之友,2008(8):156-157.

[2]陈坦,常江.新媒体感知价值与工业建筑遗产保护参与意愿[J].建筑经济, 2014(10):130-133.

[3]丁新军,田菲,康嘉.城市工业遗产社区社会网络变迁与遗产再利用研究:以 唐山市启新1889工业遗产社区为例[J]:经济研究导刊,2018(35):54-56.

[4]杜海锋.动漫产业集群的动力机制分析[J].经济论坛,2009(10):105-107.

[5]范晓君,DIETRICH S,代姗姗.工业遗产的社会建构及旅游再利用:中国与 德国的比较研究[J].思想战线,2012(6):123-128.

[6]高洁,刘歆.河北井陉矿区煤矿工业遗产价值及保护与再利用策略研究[J]. 科技风,2017(5):159.

[7]郭焕宇.技术美学视野下旧工业建筑改造的审美特征[J].工业建筑,2015 (3):54-58.

[8]韩福文,佟玉权,王芳.德国鲁尔与我国东北工业遗产旅游开发比较分析 [J].商业研究,2011(5):196-200.

[9]韩若冰,韩英.论日本动漫的肇始与初创[J].东岳论丛,2011(6):88-90.

[10]郝卫国,于坤.城市记忆的延续:唐山工业旧厂区再生为系列展陈空间的探 索与实践[J].装饰,2010(2):96-98.

[11]黄磊,彭义,魏春雨."体验"视角下都市工业遗产建筑的环境意象重构 [J].建筑学报,2014(S2):143-147.

[12]黄磊,魏春雨,贺宏洲.文化可持续性社区视野下的都市工业遗产的特质重 构:以西班牙里巴斯工厂更新为例[J].装饰,2014(11):114-115.

[13]康嘉.唐山工业遗产与文化创意产业融合发展研究[J].唐山学院学报, 2014(2):5-8.

[14]孔雪静.城市中心区大规模工业遗产改造再利用研究:以唐山启新水泥厂 改造为例[D].邯郸:河北工程大学,2014.

[15]寇寰.武汉宗关水厂历史建筑遗产调查与价值评估[J].华中建筑,2015

（2）：168 - 172.

［16］李传成,顾亚静.车站改造带动城市复兴:武昌火车站片区的改造［J］.华中建筑,2012（8）:75 - 78.

［17］李晓丹,陈智婷,孙思佳.峰峰矿区矿冶工业遗产保护改造规划研究［J］.城市发展研究,2014（12）:13 - 16.

［18］李蕾蕾.逆工业化与工业遗产旅游开发:德国鲁尔区的实践过程与开发模式［J］.世界地理研究,2002（3）:57 - 65.

［19］李南.河北省临港产业集群与沿海经济带发展研究［M］.北京:海洋出版社,2011.

［20］李向红,阴建华,张军英,等.石家庄纺织工业遗产现状与再利用建议［J］.上海纺织科技,2014（5）:56 - 59.

［21］李亦哲.旧工业建筑改造与再利用的策略与方法研究:以柳州工业博物馆为例［D］.广州:华南理工大学,2014.

［22］廖蔚雯.中国原创动漫产业集群成长研究［D］.长沙:中南大学,2009.

［23］刘晨.从工业遗存厂房 - 博物馆展示空间再生设计研究［D］.西安:西安建筑科技大学,2012.

［24］刘芳芳,卫增岩,裘知.欧洲工业建筑遗产的保护更新设计初探:以希腊、法国、英国和意大利工业遗产改造为例［J］.建筑与文化,2016（5）:237 - 239.

［25］刘济姣,李雄.后工业景观改造的艺术化表达:以德国典型公园为例［J］.中国城市林业,2018（3）:75 - 79.

［26］刘嘉娜,李南.基于 PPP 的地主型港口建设模式研究［J］.建筑经济,2008（4）:36 - 39.

［27］刘嘉娜,刘田.融合而不是替代:大卫·霍克尼的摄影肖像画［J］.美术观察,2010（1）:126 - 128.

［28］刘嘉娜,刘田.浅谈南疆建筑艺术［J］.美术界,2010（2）:78 - 79.

［29］刘嘉娜,李南.基于沿海优势的资源型省域经济转型路径研究［J］.特区经济,2010（12）:232 - 233.

［30］刘嘉娜,白建甫.基于企业集群的河北省动漫产业基地建设研究［J］.中国电影市场,2012（5）:30 - 31.

［31］刘嘉娜,白建甫.环首都经济圈动漫产业集群的形成机理［J］.特区经济,2012（6）:46 - 47.

［32］刘嘉娜,白建甫.动漫产业集群的特征与国际经验［J］.商业时代,2012

(21):130 – 131.

[33]刘嘉娜,孙贺元.中加动漫产业发展模式的对比及启示[J].美术向导,2012
(7):51 – 53.

[34]刘洁,戴秋思,孔德荣."文化引导型"城市更新下的谢菲尔德的工业遗产
保护[J].工业建筑,2014(3):180 – 183.

[35]刘力,徐蕾.工业遗产类创意产业园受众人群的调查与比较:以北京798艺
术区及唐山1889创意产业园为例[J].华中建筑,2017(10):16 – 21.

[36]刘歆,王眜昀,邵燕妮.河北省工业遗产旅游开发初探[J].建筑与文化,
2017(5):208 – 209.

[37]刘歆,王眜昀,邵燕妮.唐山近现代工业遗产现状调查及保护研究[J].工业
建筑,2017(12):51 – 56.

[38]卢佳宁,沈映春.广义虚拟经济视角下沈阳市铁西区工业遗产利用的经济
学分析[J].经济研究导刊,2012(23):50 – 53.

[39]罗能.对工业遗产改造过程中一些矛盾的思考[J].西南科技大学学报:哲
学社会科学版,2008(1):23 – 26.

[40]孟璠磊.艺术驱动废弃工业用地复兴:阿姆斯特丹NDSM艺术区启示[J].
世界建筑,2017(4):97 – 101.

[41]闵洁.论我国工业遗产旅游的开发[J].廊坊师范学院学报:自然科学版,
2008(5):80 – 82.

[42]任丽娜,祝晓春,梁川飞.基于层次分析法与模糊综合评价的工业遗产旅游
展示效果评估研究:以武钢博物馆为例[J].当代旅游:中旬刊,2012(10):
59 – 62.

[43]尚海永.新型城镇化进程中唐山工业遗产保护与传承研究[J].遗产与保护
研究,2018(5):60 – 62.

[44]石克辉,温雯.基于工业遗产价值的适宜性绿色改造方法[J].北京交通大
学学报,2015(3):76 – 81.

[45]石铁矛,王大嵩,李绥.低碳可持续性评价:从单体建筑到街区尺度:德国
DGNB – NS新建城市街区评价体系对我国的启示[J]:沈阳建筑大学学报:
社会科学版,2015(3):217 – 224.

[46]谭文勇,张丽娜.工业遗产空间的低碳旅游模式转型思考[J].华中建筑,
2014(1):99 – 102.

[47]王海松,臧子悦.适应性生态技术在工业遗产建筑改造中的应用[J].华中

建筑,2010(9):41-44.

[48]王建国,韦峰."微气候外壳"的环境效益:德国鲁尔蒙塞尼斯矿区改造项目的启示[J].建筑学报,2003(12):63-66.

[49]王晶,李浩,王辉.城市工业遗产保护更新:种构建创意城市的重要途径[J].国际城市规划,2012(3):60-64.

[50]王俊杰.河北省发展动漫产业的优势与瓶颈[J].河北大学成人教育学院学报,2008(3):89-90.

[51]王雨萌.河北省工业遗产调查与价值评估[D].邯郸:河北工程大学,2018.

[52]武晶.河北煤炭工业遗产开发利用研究[J].中国煤炭,2015(10):24-27.

[53]吴麒,李士林.《巴拉宪章》指导下的澳大利亚遗产保护:以珀斯工业建筑遗产的保护和更新为例[J].新建筑,2016(3):42-47.

[54]肖烨.基于共生理论的绿色建筑供应链发展机制研究[D].南京:南京工业大学,2012.

[55]谢空,王雨萌.唐山近代的工业发展历程与工业遗产保护利用[J].邢台学院学报,2018(6):99-101.

[56]许云.从建筑设计看绿色建筑技术的发展和应用[J].建筑知识,2016(7):83-87.

[57]薛冰砚.后工业时代的"轻转型":社区与艺术共生[J].上海艺术评论,2017(2):47-49.

[58]闫永增.唐山近代工业遗产的保护与开发[J].唐山学院学报,2014(2):1-4.

[59]杨彩虹,朱开强,陈晓卫.初探绿色技术在旧工业建筑改造中的应用[J].煤炭工程,2012(9):23-25.

[60]杨彩云,康嘉,邹艳梅.工业遗产保护与文化创意产业园建设研究:以唐山为例[J].改革与战略,2012(1):137-140.

[61]杨国强.唐山市工业遗产的保护与再利用研究[J].居舍,2018(12):184.

[62]杨欢,陈厉辞.秦皇岛市玻璃博物馆与工业遗产保护[J].文物春秋,2013(4):68-71.

[63]杨屏."美日韩"动漫产业发展模式及其对中国动漫发展模式的启示[J].南京艺术学院学报:美术与设计版,2011(2):61-64.

[64]殷健,张晓云,范婷婷,等.经济平衡视角下的工业遗产保护和利用:沈阳红

梅味精厂"抢救式"规划实践[J].工业建筑,2014(9):7-10.

[65]尹霓阳,王红扬.多元协同下的城市更新模式研究:以台北 URS 为例[J].江苏城市规划,2016(9):8-13.

[66]英浩.论鞍山市近现代工业建筑遗产的景观保护模式[J].美术观察,2014(6):129.

[67]俞孔坚,方琬丽.中国工业遗产初探[J].建筑学报,2008(9):12-15.

[68]张洪莉.旧工业建筑改造中的建筑公共空间再设计[J].中外建筑,2017(3):77-78.

[69]张辉,周旋.大空间铁路客运站绿色建筑设计策略分析:以太原南站设计为例[J].四川建筑科学研究,2016(6):134-137.

[70]张杰,贺鼎,刘岩.景德镇陶瓷工业遗产的保护与城市复兴:以宇宙瓷厂区的保护与更新为例[J].世界建筑,2014(8):100-103.

[71]张娟.城市更新中的工业遗产保护及其规划[J].建材与装饰,2016(1):133-134.

[72]张鸣.论动漫产业集群建设模式[J].东岳论丛,2010(5):139-142.

[73]张艳锋.从废墟到乐园:德国鲁尔杜伊斯堡 A.G.Tyssen 钢铁厂改造项目的启示[J].小城镇建设,2004(9):80-82.

[74]张永敏,句磊.河北动漫产业发展的对策研究[J].特区经济,2011(5):59-60.

[75]赵一青,许楗.工业遗产的保护和利用国内研究现状综述[J].山西建筑,2015(1):1-2.

[76]赵永新.加快河北动漫产业发展研究[J].现代商业,2009(23):62-63.

[77]周欣,陈易.德国低碳建筑设计研究:以德国联邦环境局办公楼为例[J].住宅科技,2015(8):29-34.

[78]祝庆俊,王樱默.城市工业遗产地景观更新研究[J].美与时代:城市版,2017(1):35-36.

[79]朱文一,赵建彤.启新记忆:唐山启新水泥厂工业遗存保护更新设计研究[J].建筑学报,2010(12):33-38.

[80]朱文一,刘伯英.中国工业建筑遗产调查、研究与保护(六)[M].北京:清华大学出版社,2016.

[81]邹艳梅.唐山利用工业遗产发展文化创意产业的 SWOT 分析[J].华章,2011(20):223-224.

[82] AYŞE D K. Learning from the ruhr: The case of the world heritage site Zollverein as a model of conserving industrial culture in Turkey[J]. Journal of Urban Studies,2016(5):474 – 497.

[83] DACE R, AIJA Z, UNA ĪLE. The industrial heritage around the coast of the Baltic Sea at Pāvilosta municipality[J]. Scientific Journal of Latvia University of Agriculture Landscape Architecture and Art,2018(11):33 – 41.

[84] DAIGA Z, ANNA K. Industrial heritage landscape of the lielupe river in Latvia [J]. Scientific Journal of Latvia University of Agriculture Landscape Architecture and Art,2017(10):81 – 88.

[85] JAN B, MACIEJ Z. Industrial heritage and post-industrial situation in the post-transformation era in Lower Silesia (Poland)[J]. GeoScape, 2018 (1): 17 – 25.

[86] KAMILA T, STANISLAV M, JAROSLAV S, et al. How local population perceive impact of brownfields on the residential property values: Some remarks from post-industrial areas in the Czech Republic[J]. Geographia Technica, 2017(2):150 – 164.

[87] KAMILA T, JAN N, JAROSLAV Š, et al. Uncovering patterns of location of brownfields to facilitate their regeneration: Some remarks from the Czech Republic[J]. Sustainability,2018(10):1 – 14.

[88] MARTIN K, PERE B, JAN J, et al. Reconstruction of former industrial complexes and their utilisation in tourism-case study[J]. Tourism,2015(2): 247 – 258.

[89] MARTINÁT S, NAVRÁTIL J, PÍCHA K, et al. Brownfield regeneration from the perspective of residents: Place circumstances versus character of respondents [J]. Deturope,2017(2): 71 – 92.

[90] VOJTĚCH B, ALEXANDR N, ONDŘE. Industrial culture as an asset, barrier and creative challenge for restructuring of old industrial cities: Case study of Ostrava (Czechia)[J]. GeoScape,2018(1): 52 – 64.

后　　记

　　本书为作者承担的 2018 年河北省社会科学基金项目"河北省工业遗产改造景观效果综合评价"(批准号：HB18YS034)的研究成果。课题组成员还包括田博文、唐晨辉、韦亮和陈婧,本书是全体成员共同努力的成果。

　　感谢清华大学-麻省理工学院城市规划专业师生 2019 年针对唐山市的联合设计,让作为东道主代表的我再次梳理了唐山市近十年来的工业遗产再生之路,年轻学者们的提问也为我扩展了新视域。感谢北京大学城市与环境学院贺灿飞院长组织的城市更新论坛,为我的持续研究增添了新动力。感谢 2015 年一同赴德国调研的团队,从建筑结构、新媒体等角度与我并肩奋战在鲁尔区这一世界工业遗产再生的前沿。感谢马龙杰先生帮忙翻译了相关德语资料,感谢张艳东博士在定量计算方面的支持。

　　感谢华北理工大学建筑工程学院的领导和同事对我研究工作的长期支持。姜雪、何铭和丁硕等同学借助学校大学生创新创业训练项目的机会,为该项研究添砖加瓦,制作了多项建筑模型,付出了诸多辛苦。本书在写作过程中,查阅借鉴了大量相关研究成果和图片资料,在此对各位作者一并致谢。

　　最后感谢我的爱人,在我迷茫和退缩时,不断为我打气,激励我在科研的道路上不断前行。

刘嘉娜

2019 年 10 月